高等职业教育“十三五”规划教材（自动化专业课程群）

FESTO 过程控制实践手册

主　编　刘彦超　宋飞燕　付志勇

主　审　张云龙

中国水利水电出版社
www.waterpub.com.cn
·北京·

内 容 提 要

本书以德国 FESTO 公司生产的 PCS 过程控制实训装置为主线，设计了过程控制的实验数据分析表格以及有关仪表的习题。

全书共分 5 个学习情境：学习情境 1 为基于过程控制及检测技术基础知识的学习活动安排；学习情境 2 为基于物位仪表及液位控制系统的实验学习活动安排；学习情境 3 为基于压力仪表及压力控制系统的实验学习活动安排；学习情境 4 为基于流量仪表及流量控制系统的实验学习活动安排；学习情境 5 为基于温度仪表及温度控制系统的实验学习活动安排。本书在内容上注重知识的连贯性，力求做到循序渐进、由浅入深。

本书可作为电气类及自动化类专业高职高专学生的学习辅助用书，也可作为相关专业技术员的参考书。

图书在版编目（ＣＩＰ）数据

FESTO过程控制实践手册 / 刘彦超，宋飞燕，付志勇主编. -- 北京 : 中国水利水电出版社，2018.9
高等职业教育“十三五”规划教材. 自动化专业课程群
ISBN 978-7-5170-6753-5

Ⅰ. ①F… Ⅱ. ①刘… ②宋… ③付… Ⅲ. ①过程控制—手册 Ⅳ. ①TP273-62

中国版本图书馆CIP数据核字(2018)第185584号

策划编辑：陈红华/赵佳琦　责任编辑：高　辉　加工编辑：王玉梅　封面设计：李　佳

书　名	高等职业教育“十三五”规划教材（自动化专业课程群） FESTO 过程控制实践手册 FESTO GUOCHENG KONGZHI SHIJIAN SHOUCE
作　者	主　编　刘彦超　宋飞燕　付志勇 主　审　张云龙
出版发行	中国水利水电出版社 （北京市海淀区玉渊潭南路 1 号 D 座　100038） 网址：www.waterpub.com.cn E-mail：mchannel@263.net（万水） sales@waterpub.com.cn 电话：（010）68367658（营销中心）、82562819（万水）
经　售	全国各地新华书店和相关出版物销售网点
排　版	北京万水电子信息有限公司
印　刷	三河市铭浩彩色印装有限公司
规　格	210mm×285mm　16 开本　7.25 印张　248 千字
版　次	2018 年 9 月第 1 版　2018 年 9 月第 1 次印刷
印　数	0001—3000 册
定　价	19.00 元

前　言

近些年，很多高职高专院校都引进了德国 FESTO 公司教学培训设备，其中 PCS 过程控制实训装置的 PCS-Compact 实训单元可以完成液位、流量、温度、压力等常用生产过程变量的自动控制。由于其参考资料均为英文，考虑到高职高专学生学情，加上围绕 FESTO PCS-Compact 实训单元出版的教材较少，故我们编写了这本书。

本书通过精心剖析教材内容，为教材中的每一个知识点都提供了有针对性的实验及习题，体现了理实一体的教学理念。围绕 FESTO PCS-Compact 实训单元，本书提供了 FESTO 过程控制设备认识液位、压力、流量以及温度的控制实验，同时在这些实验的基础上引入了两点控制方法、比例控制方法、比例积分控制方法以及 PID 控制方法。在介绍液位、压力、流量以及温度的控制实验中还穿插了有关仪表的习题，以加深学生对各检测仪表的认识。

本书由刘彦超、宋飞燕、付志勇任主编，张云龙负责全书统稿以及主审工作。由于编者水平有限，书中难免有不足和错漏之处，恳请读者批评指正。

编　者

2018 年 7 月

目　　录

学习情境 1　过程控制理论探索

知识目标：了解过程控制的概念及其发展，认知过程控制系统中的各典型环节，了解过程控制行业的职业规范。

能力目标：培养学生利用网络资源进行资料收集的能力；培养学生获取、筛选信息和制定工作计划、方案及实施、检查和评价的能力；培养学生独立分析、解决问题的能力；培养学生的团队合作、交流、组织协调的能力和责任心。

素质目标：养成严谨细致、一丝不苟的工作作风，养成严格按照仪表工职业操守进行工作的习惯；培养学生的自信心、竞争意识和效率意识；培养学生的爱岗敬业、诚实守信、服务群众、奉献社会、素质修养等职业道德。

子学习情境 1.1　走进过程控制世界

工作任务单

<table>
<tr><td>情　　境</td><td colspan="6">学习情境 1　过程控制理论探索</td></tr>
<tr><td rowspan="3">任务概况</td><td rowspan="2">任务名称</td><td rowspan="2">子学习情境 1.1　走进过程控制世界</td><td>日期</td><td>班级</td><td>学习小组</td><td>负责人</td></tr>
<tr><td></td><td></td><td></td><td></td></tr>
<tr><td>组员</td><td colspan="5"></td></tr>
<tr><td>任务载体和资讯</td><td colspan="2"></td><td colspan="4">载体：多媒体设备（制作 PPT 汇报小组学习情况）。
资讯：
1．过程控制的概念及应用领域（重点）。
2．过程控制的发展及前沿。
3．过程控制系统的分类（重点）。
4．过程控制的组成（重点）：①控制仪表种类（重点）；②控制器种类（重点）；③执行机构种类（重点）。
5．控制系统方框图（重点）。
6．控制系统运行过程描述（重点、难点）。
7．过程控制常用术语（重点）。
8．化工生产安全知识。
9．过程控制的学习方法。</td></tr>
<tr><td>任务目标</td><td colspan="6">1．掌握过程控制的概念、应用及发展。
2．掌握制作 PPT 的方法，熟悉汇报的一些语言技巧。
3．培养学生的组织协调能力、语言表达能力，达成职业素质目标。</td></tr>
</table>

任务要求	**前期准备**：小组分工合作，通过网络收集资料。 **汇报文稿要求**：①主题要突出；②内容不要偏离主题；③叙述要有条理；④不要空话连篇；⑤提纲挈领，忌大段文字。 **汇报技巧**：①不要自说自话，要与听众有眼神交流；②语速要张弛有度；③衣着得体；④体态自然。

工作计划和决策表（由学生填写）

情　　境	学习情境 1　过程控制理论探索						
任务概况	任务名称	子学习情境 1.1　走进过程控制世界				日期	
	班级		小组名称		小组人数	负责人	
工作任务的方案							

重点工作目标事项						关键配合需求	
序号	责任人	工作内容概述	目标权重	开始时间	完成时间	完成目标验收要求	配合部门	配合内容
1								
2								
3								
4								
5								
6								
7								
8								
9								
10								

任务实施

任务实施表（由学生填写）

情　　境	学习情境 1　过程控制理论探索							
学 习 任 务	子学习情境 1.1　走进过程控制世界						完成时间	
任务完成人	班级		学习小组		负责人		责任人	
PPT 汇报的纲要								

测试练习

任务概况	子学习情境 1.1　走进过程控制的世界					
	班级		姓名		得分	
填空题 （每空 1 分，共计 30 分）	1．自动控制是指在没有人直接参与的情况下，利用外加的智能设备或装置，使被控对象的工作状态或参数，如______、______、______、______、pH 值等自动地按照预定的规律运行。 2．过程控制是基于自动控制理论、运用______及______对流体和粉体物料进行的连续生产控制。 3．锅炉运行时，汽包水高低直接影响着蒸汽的品质及锅炉的安全。水位过低、负荷过大时，可能导致锅炉______，甚至会引起______；但是，水位过高会影响汽包的______，产生______现象，降低蒸汽的质量和产量，严重时会损坏后续设备。 4．被控对象指的是需要实现控制的______。 5．被称为过程控制系统眼睛的是______，用于检查、测量被测对象的物理量、化学量、生物量、电参数、几何量及其运动状况。 6．被称为过程控制系统手脚的是______，如______、______。 7．被控对象中要求保持设定值的工艺参数为______。 8．受控制器操纵，用以克服扰动的影响使被控变量保持设定值的物料量或能量为______。 9．操纵变量之外的作用于被控对象并引起被控变量变化的因素被称为______。 10．通过测量变送装置将被控变量的测量值送回到系统的输入端，这种把系统的输出信号直接或经过一些环节引回到输入端的做法叫作______。 11．闭环控制系统中，调节器是按照______与______之间的差值，经一定算法得到输出值，从而控制被控变量的。 12．电动单元组合式模拟控制仪表系统是基于______或______的模拟控制信号以及内部传输的控制信号幅值随着时间的变化而连续变化的闭环控制系统。					

	13．随着仪表工业的迅速发展和机组容量的增大，火电厂进一步发展为__________、__________、__________集中控制。
	14. DDC（Direct Digital Control）的中文含义为__________，SCC（Supervisory Computer Control System）的中文含义为__________。DCS（Distributed Control System）的中文含义为__________，FCS（Fieldbus Control System）的中文含义为__________。
选择题 （每题 2 分，共计 10 分）	1．对变化缓慢的信号（如温度、压力、流量、液位等）的控制称为（ ）。 A．运动控制 B．过程控制 C．离散控制 D．伺服控制 2．在水箱液位控制系统中，属于被控对象的是（ ）。 A．水箱 B．浮球 C．塞子 D．杠杆系统 3．以下参数属于被控变量的是（ ）。 A．汽包水位 B．锅炉给水量 C．蒸汽负荷的变化 D．液位测量值 4．以下参数属于操纵变量的是（ ）。 A．汽包水位 B．锅炉给水量 C．蒸汽负荷的变化 D．液位测量值
判断题 （每题 2 分，共计 10 分）	1．控制器与被控对象间既有顺向控制又有反向联系的控制系统是开环控制系统。（ ） 2．闭环系统对扰动有抑制作用。（ ） 3．开环控制系统中，操纵变量可以通过控制对象去影响被控变量，但被控变量不会通过控制装置去影响操纵变量。（ ） 4．基地式仪表控制系统是当今较为先进的工业自动化控制系统。（ ） 5．电动单元组合式模拟控制仪表系统能实现 PID 调节和串级、前馈控制，并且能够实现自适应控制、最优化控制、集中控制等功能。（ ）
问答题 （共计 50 分）	1．简述过程控制系统的分类和特点。（10 分） 2．过程控制系统可以应用在哪些领域？请描述典型应用。（10 分） 3．画出过程控制系统方框图。（15 分）

	4．一名合格的仪表工应该怎么做？（15 分）

任务检查表（由教师填写）

情　　境	学习情境 1　过程控制理论探索						
学习任务	子学习情境 1.1　走进过程控制世界					完成时间	
任务完成人	班级		学习小组		负责人		责任人	
内容是否切题，是否有遗漏知识点							
掌握知识和技能的情况							
PPT 设计合理性及美观度							
汇报的语态及体态							
需要补缺的知识和技能							

过程考核评价表（由教师填写）

情　　境	学习情境 1　过程控制理论探索							
学习任务	子学习情境 1.1　走进过程控制世界				完成时间			
任务完成人	班级		学习小组		负责人		责任人	
评价项目	评价内容	评　价　标　准			得分			
					自评	互评（组内互评，取平均分）	教师评价	
专业能力（55%）	知识的理解和掌握能力	对知识的理解、掌握及接受新知识的能力 □优（27）□良（22）□中（16）□差（10）						
	知识的综合应用能力	根据工作任务，应用相关知识分析解决问题 □优（13）□良（10）□中（7）□差（5）						

	方案制定与实施能力	在教师的指导下，能够制定工作计划和方案并能够优化和实施，完成工作任务单、工作计划和决策表、任务实施表的填写 □优（15）□良（12）□中（9）□差（7）			
方法能力（25%）	独立学习能力	在教师的指导下，借助学习资料，能够独立学习新知识和新技能，完成工作任务 □优（8）□良（7）□中（5）□差（3）			
	分析解决问题的能力	在教师的指导下，独立解决工作中出现的各种问题，顺利完成工作任务 □优（7）□良（5）□中（3）□差（2）			
	获取信息能力	通过教材、网络、期刊、专业书籍、技术手册等获取信息，并且整理资料，获取所需知识 □优（5）□良（3）□中（2）□差（1）			
	整体工作能力	根据工作任务，制定、实施工作计划和方案；任务完成情况汇报 □优（5）□良（3）□中（2）□差（1）			
社会能力（20%）	团队协作和沟通能力	工作过程中，团队成员之间相互沟通、交流、协作、互帮互学，具备良好的群体意识 □优（5）□良（3）□中（2）□差（1）			
	工作任务的组织管理能力	具有批评、自我管理和工作任务的组织管理能力 □优（5）□良（3）□中（2）□差（1）			
	工作责任心与职业道德	具有良好的工作责任心、社会责任心、团队责任心（学习、纪律、出勤、卫生）、职业道德和吃苦能力 □优（10）□良（8）□中（6）□差（4）			
总　　分					

子学习情境 1.2　过程控制系统的流程图

工作任务单

<table>
<tr><td>情　　境</td><td colspan="6">学习情境 1　过程控制理论探索</td></tr>
<tr><td rowspan="3">任务概况</td><td rowspan="2">任务名称</td><td rowspan="2">子学习情境 1.2　过程控制系统的流程图</td><td>日期</td><td>班级</td><td>学习小组</td><td>负责人</td></tr>
<tr><td></td><td></td><td></td><td></td></tr>
<tr><td>组员</td><td colspan="5"></td></tr>
<tr><td>任务载体和资讯</td><td colspan="2"></td><td colspan="4">载体：精馏塔的管道及工艺流程图
资讯：
1．流程图的基本图形符号（重点）：①测量点；②连接线；③一般仪表的图形符号。
2．仪表功能标志（重点）：①功能字母代号含义；②仪表位号的表示方法。
3．专用仪表的图形符号（重点）：①控制仪表的图形符号；②流量仪表的图形符号；③控制阀体和风门的图形符号；④执行机构的图形符号；⑤常用设备的图形符号。</td></tr>
</table>

任务目标	1．掌握过程流程图的基本图形符号构成及画法。 2．掌握仪表功能字母代号含义及仪表位号的表示方法。 3．记住主要仪表的图形符号。 4．培养学生的组织协调能力、语言表达能力，达成职业素质目标。
任务说明	精馏是石油化工、炼油生产过程中的一个十分重要的环节，其目的是将混合物中各组分分离出来，以达到规定的纯度。精馏过程的实质就是迫使混合物的气、液两相在塔体中做逆向流动，利用混合液中各组分具有不同的挥发度，在互相接触的过程中，液相中的轻组分逐渐转入气相，而气相中的重组分则逐渐进入液相，从而实现液体混合物的分离。一般精馏装置由精馏塔、再沸器、冷凝器、回流罐等设备组成。 **工艺流程图的识读步骤：**首先先看标题栏，了解图名、图号、设计项目、设计阶段、设计时间及会签栏。然后对照设计施工图的有关说明和图内文字要求，按照物料介质的作用，先识读主流程线，后识读副流程线；识读时先从物料介质来源的起始处，按物料介质的流向，依次详细到终了部位。最后在识读流程图的基础上，具体掌握仪表设备的种类、数量、分布情况，以及在各个环节中的作用。
任务要求	**前期准备：**复习前绪课程《化工设备》的相关知识。 **指出：**①各环节仪表符号的含义；②分析各控制环节的工作过程。

工作计划和决策表（由学生填写）

情　　境	学习情境1　过程控制理论探索							
任务概况	任务名称	子学习情境1.2　过程控制系统的流程图					日期	
	班级		小组名称		小组人数		负责人	
工作任务的方案								
重点工作目标事项							关键配合需求	
序号	责任人	工作内容概述	目标权重	开始时间	完成时间	完成目标验收要求	配合部门	配合内容
1								
2								
3								
4								
5								
6								
7								
8								
9								

任务实施表（由学生填写）

<table>
<tr><td>情　　境</td><td colspan="8">学习情境 1　过程控制理论探索</td></tr>
<tr><td>学 习 任 务</td><td colspan="6">子学习情境 1.2　过程控制系统的流程图</td><td>完成时间</td><td></td></tr>
<tr><td>任务完成人</td><td>班级</td><td></td><td>学习小组</td><td></td><td>负责人</td><td></td><td>责任人</td><td></td></tr>
<tr><td>分析塔顶仪表符号含义；
分析塔顶产品回流（温度）控制系统；
分析塔顶产品罐输出流量过程</td><td colspan="8"></td></tr>
<tr><td>分析塔底仪表符号含义；
分析塔底液位控制系统</td><td colspan="8"></td></tr>
<tr><td>分析再沸器仪表符号含义；
分析再沸器温度控制系统</td><td colspan="8"></td></tr>
<tr><td>分析进料和出料仪表含义；
分析进料预热控制系统及进料流量控制系统</td><td colspan="8"></td></tr>
<tr><td>分析灵敏板仪表符号含义</td><td colspan="8"></td></tr>
</table>

<table>
<tr><td rowspan="2">任务概况</td><td colspan="6">子学习情境 1.2　过程控制系统的流程图</td></tr>
<tr><td>班级</td><td></td><td>姓名</td><td></td><td>得分</td><td></td></tr>
<tr><td>填空题
（每空 1 分，共计 14 分）</td><td colspan="6">1．从物理上来讲，测量点是传感器采样被测介质参数的＿＿＿＿＿；从流程图绘制的角度来讲，测量点是由过程设备或管道符号引到仪表圆圈的连接引线的＿＿＿＿＿。
2．当测量点位于设备中被遮挡，且有必要标出测量点在过程设备中的位置时，可在引线的起点加一个直径为 2mm 的＿＿＿＿＿或连接线用＿＿＿＿＿表示。
3．通用的仪表信号连接线和能源连接线的符号是＿＿＿＿＿，必要时可加箭头。当有必要标注能源类别时，可用相应的缩写标注在能源线符号之上。AS 表示＿＿＿＿＿，GS 表示＿＿＿＿＿，SS 表示＿＿＿＿＿，ES 表示＿＿＿＿＿，HS 表示＿＿＿＿＿，WS 表示＿＿＿＿＿。
4．仪表图形符号是直径为 12mm（或 10mm）的＿＿＿＿＿。
5．仪表位号是仪表在检测或控制系统中唯一的编号，通常由＿＿＿＿＿和＿＿＿＿＿两部分组成。</td></tr>
<tr><td>识图题
（每题 2 分，共计 86 分）</td><td colspan="6">识别下列图形符号：
1．＿＿＿＿＿＿＿＿
2．＿＿＿＿＿＿＿＿
3．＿＿＿＿＿＿＿＿
4．测量点 A　测量点 B＿＿＿＿＿＿＿＿
5．＿＿＿＿＿＿＿＿　6．＿＿＿＿＿＿＿＿
7．＿＿＿＿＿＿＿＿
8．＿＿＿＿＿＿　9．＿＿＿＿＿＿　10．＿＿＿＿＿＿
11．FE 4 ＿＿＿＿＿＿＿＿　12．FI 5 ＿＿＿＿＿＿＿＿
13．FP 6 ＿＿＿＿＿＿＿＿　14．FE 16 ＿＿＿＿＿＿＿＿
15．FE 17 ＿＿＿＿＿＿＿＿　16．FE 21 ＿＿＿＿＿＿＿＿</td></tr>
</table>

17. FE 24 M ________ 18. FE 20 ________

19. ________ 20. ________ 21. ________

22. ________ 23. ________ 24. ________

25. ________ 26. ________

27. ________ 28. ________ 29. M ________

30. ________ 31. ________ 32. ________

33. ________ 34. ________

35. ________ 36. ________

37. ________

38. ________

39. ________ 40. ________

41. ________

42. ________ 43. ________

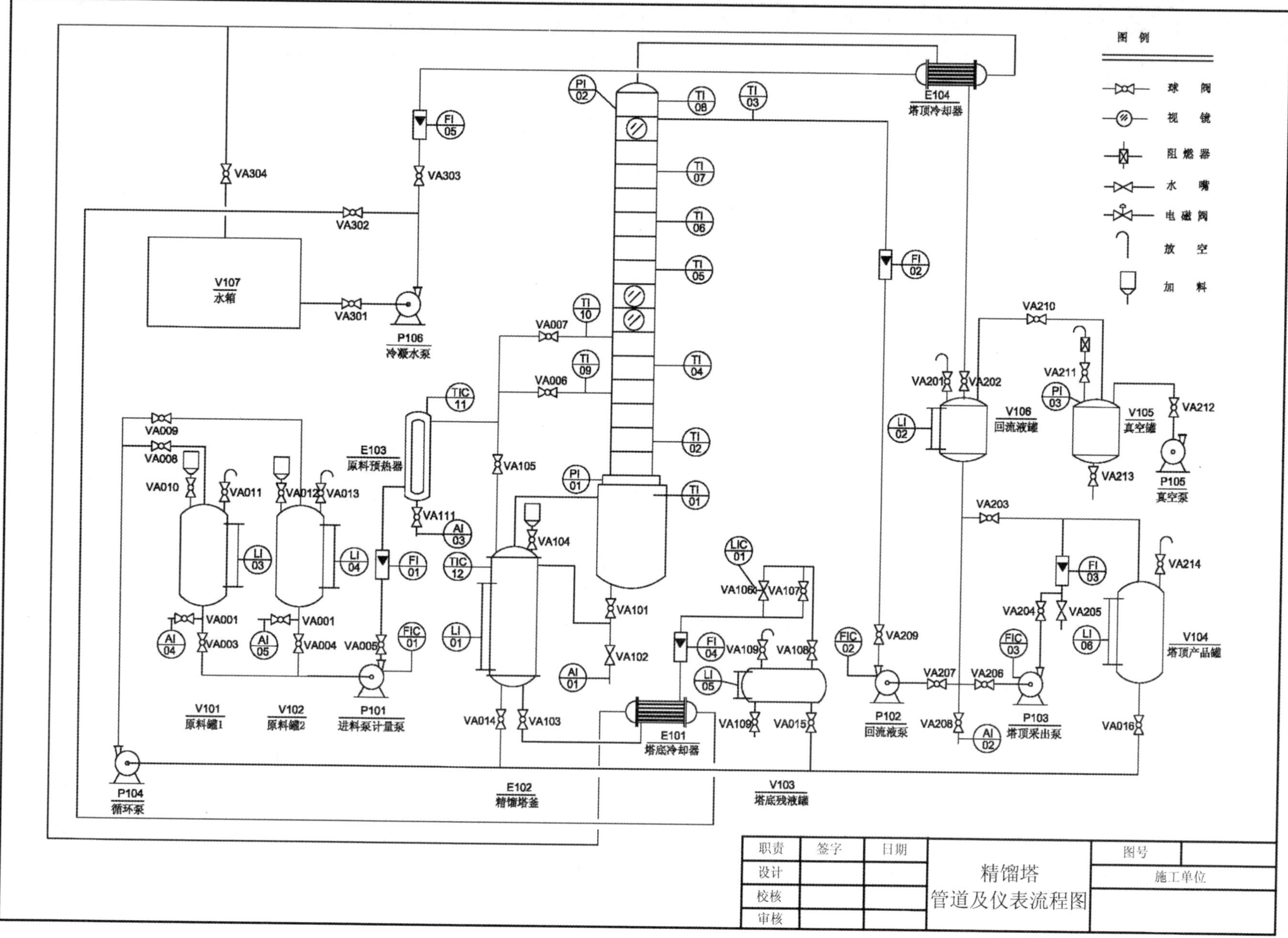

图 1-1　精馏塔的管道及工艺流程图

任务检查表（由教师填写）

情　　境	学习情境1　过程控制理论探索						
学习任务	子学习情境1.2　过程控制系统的流程图					完成时间	
任务完成人	班级		学习小组		负责人	责任人	
功能字母代号描述错误							
仪表位号格式阐述错误							
专用仪表图形符号描述错误							
控制系统分析错误							

过程考核评价表（由教师填写）

情　　境	学习情境1　过程控制理论探索				
学习任务	子学习情境1.2　过程控制系统的流程图	完成时间			
任务完成人	班级　　学习小组　　负责人	责任人			
评价项目	评价内容	评价标准	得分：自评	得分：互评（组内互评，取平均分）	得分：教师评价
专业能力（55%）	知识的理解和掌握能力	对知识的理解、掌握及接受新知识的能力 □优（27）□良（22）□中（16）□差（10）			
	知识的综合应用能力	根据工作任务，应用相关知识解决问题 □优（13）□良（10）□中（7）□差（5）			
	方案制定与实施能力	在教师的指导下，能够制定工作计划和方案并能够优化和实施，完成工作任务单、工作计划和决策表、任务实施表的填写 □优（15）□良（12）□中（9）□差（7）			
方法能力（25%）	独立学习能力	在教师的指导下，借助学习资料，能够独立学习新知识和新技能，完成工作任务 □优（8）□良（7）□中（5）□差（3）			
	分析解决问题的能力	在教师的指导下，独立解决工作中出现的各种问题，顺利完成工作任务 □优（7）□良（5）□中（3）□差（2）			
	获取信息能力	通过教材、网络、期刊、专业书籍、技术手册等获取信息，并且整理资料，获取所需知识 □优（5）□良（3）□中（2）□差（1）			

	整体工作能力	根据工作任务，制定、实施工作计划和方案；任务完成情况汇报 □优（5）□良（3）□中（2）□差（1）			
社会能力（20%）	团队协作和沟通能力	工作过程中，团队成员之间相互沟通、交流、协作、互帮互学，具备良好的群体意识 □优（5）□良（3）□中（2）□差（1）			
	工作任务的组织管理能力	具有批评、自我管理和工作任务的组织管理能力 □优（5）□良（3）□中（2）□差（1）			
	工作责任心与职业道德	具有良好的工作责任心、社会责任心、团队责任心（学习、纪律、出勤、卫生）、职业道德和吃苦能力 □优（10）□良（8）□中（6）□差（4）			
总　　分					

子学习情境 1.3　仪表测量的基础知识

工作任务单

情　境	学习情境 1　过程控制理论探索					
任务概况	任务名称	子学习情境 1.3　仪表测量的基础知识	日期	班级	学习小组	负责人
	组员					
任务载体和资讯		**载体：**多媒体设备（制作 PPT 汇报小组学习情况）。 **资讯：** 1．检测系统：①检测的概念；②检测方法的分类；③检测仪表的组成（重点）；④检测仪表的分类。 2．测量误差及处理方法：①绝对误差、相对误差和引用误差的概念（重点）；②系统误差、随机误差和粗大误差的概念、特点和消除方法（重点）。 3．仪表的主要性能指标（重点）：①量程（重点）；②精度（重点）；③变差（难点）；④线性度（难点）；⑤分辨力和分辨率（重点）；⑥响应时间。				
任务目标	1．掌握仪表测量的基础知识。 2．掌握制作 PPT 的方法，熟悉汇报的一些语言技巧。 3．培养学生的组织协调能力、语言表达能力，达成职业素质目标。					
任务要求	**前期准备：**小组分工合作，通过网络收集资料。 **汇报文稿要求：**①主题要突出；②内容不要偏离主题；③叙述要有条理；④不要空话连篇；⑤提纲挈领，忌大段文字。 **汇报技巧：**①不要自说自话，要与听众有眼神交流；②语速要张弛有度；③衣着得体；④体态自然。					

制定方案

工作计划和决策表（由学生填写）

情　　境	学习情境1　过程控制理论探索							
任务概况	任务名称		子学习情境1.3　仪表测量的基础知识				日期	
	班级		小组名称		小组人数		负责人	
工作任务的方案								

重点工作目标事项							关键配合需求	
序号	责任人	工作内容概述	目标权重	开始时间	完成时间	完成目标验收要求	配合部门	配合内容
1								
2								
3								
4								
5								
6								
7								
8								

任务实施

任务实施表（由学生填写）

情　　境	学习情境1　过程控制理论探索							
学 习 任 务	子学习情境1.3　仪表测量的基础知识						完成时间	
任务完成人	班级		学习小组		负责人		责任人	
PPT汇报的纲要								

测试练习

<table>
<tr><td rowspan="2">任务概况</td><td colspan="6">子学习情境 1.3　仪表测量的基础知识</td></tr>
<tr><td>班级</td><td></td><td>姓名</td><td></td><td>得分</td><td></td></tr>
<tr><td>填空题
（每空 1 分，共计 20 分）</td><td colspan="6">1．在测量过程中，由仪表读得的被测值与真实值之间存在的一定差距称为＿＿＿＿＿。
2．仪表测量中的五大参数是＿＿＿＿＿、＿＿＿＿＿、＿＿＿＿＿、＿＿＿＿＿、＿＿＿＿＿。
3．已知仪表的读数是 495℃，修正值为+5℃，那么测量温度的绝对误差是＿＿＿＿＿，被测介质的实际温度为＿＿＿＿＿。
4．直接测量是指直接从＿＿＿＿＿获取被测量量值的方法。
5．测量范围是指在正常工作条件下，检测系统或仪表能够测量的＿＿＿＿＿的总范围，测量范围用测量＿＿＿＿＿和测量＿＿＿＿＿之差来表示。
6．准确度也称＿＿＿＿＿，用于表示测量结果与实际值相一致的程度，准确度一般用去掉百分号的＿＿＿＿＿表示。
7．精度等级数值越小，就表明该仪表的精确度越＿＿＿＿＿。
8．变差是指在外界条件不变的情况下，用同一仪表对被测量在仪表全部测量范围内进行＿＿＿＿＿（被测参数逐渐由小到大和逐渐由大到小）测量时，被测量正行程特性曲线与和反行程特性曲线之间的最大偏差占＿＿＿＿＿的百分比。
9．线性度是表示仪表的输出量与输入量的＿＿＿＿＿曲线与＿＿＿＿＿直线的吻合程度。通常总是希望测量仪表的输出与输入之间呈＿＿＿＿＿关系。</td></tr>
<tr><td>选择题
（每题 2 分，共计 20 分）</td><td colspan="6">1．在测量误差中，按误差数值表示的方法，误差可分为（　　）。
A．绝对误差　B．相对误差　C．随机误差　D．静态误差
2．按误差出现的规律，误差可分为（　　）。
A．绝对误差　B．系统误差　C．静态误差　D．随机误差
3．按仪表使用的条件，误差可分为（　　）。
A．相对误差　B．疏忽误差　C．基本误差
4．按与被测变量的关系，误差可分为（　　）。
A．系统误差　B．定值误差　C．附加误差　D．疏忽误差
5．（　　）是测量结果与真值之差。
A．相对误差　B．绝对误差　C．基本误差
6．仪表的精度等级是根据引用（　　）来分的。
A．精度　B．等级　C．误差
7．系统误差又称（　　）。
A．规律误差　B．精度等级　C．全不是　D．全都是</td></tr>
</table>

<table>
<tr><td></td><td>8. 疏忽误差又称（　　）。
A. 粗差　　B. 细差　　C. 中差
9. 仪表的死区用输入量程的什么来表达？（　　）。
A. 百分数　　B. 分数　　C. 小数　　D. 整数
10. 灵敏度数值越大，则仪表越灵敏。（　　）
A. 正确　　B. 不正确　　C. 不一定正确</td></tr>
<tr><td>判断题
（每题 1 分，共计 30 分）</td><td>1. 准确度是指测量结果和实际值的一致程度，准确度高意味着系统误差和随机误差都很小。（　　）
2. 材料相同、长度相同、粗细不同的导线其电阻值相同。（　　）
3. 有的仪表所用电压是直流电，有的用交流电。（　　）
4. 一台仪表的功率就是它所要求的电压与电流的乘积。（　　）
5. 仪表的量程就是它所能测量的范围。（　　）
6. 仪表的给定值就是它的测量值。（　　）
7. 仪表的给定值是工艺的设定值。（　　）
8. 真值是一个变量本身所具有的真实值。（　　）
9. 测量值小数点后的位数愈多，测量愈精确。（　　）
10. 允许误差就是相对误差。（　　）
11. 选定的单位相同时，测量值小数点后位数愈多，测量愈精确。（　　）
12. 并不是计算结果中保留的小数点位数越多，精确度越高。（　　）
13. 测量数据中出现的一切非零数字都是有效数字。（　　）
14. 在非零数字中间的零是有效数字。（　　）
15. 在非零数字右边的零是有效数字。（　　）
16. 在整数部分不为零的小数点右边的零是有效数字。（　　）
17. 仪表的精度等级就是它的合格证明。（　　）
18. 仪表的精度等级是仪表的基本误差的最大允许值。（　　）
19. 仪表的精度等级若是 1.0 级，那么就可以写为±1.0 级。（　　）
20. 仪表的精度级别指的是仪表的误差。（　　）
21. 仪表的精度级别是仪表的基本误差的最大允许值。（　　）
22. 探索误差的目的就是判断测量结果的可靠程度。（　　）
23. 1.5 级仪表的测量范围为（20℃～100℃），那么它的量程为 80℃。（　　）
24. 仪表的灵敏度就是仪表的灵敏限。（　　）
25. 各种材料的导线电阻相同。（　　）
26. 灵敏度数值越大，则仪表越灵敏。（　　）
27. 仪表读数与被测参数真实值存在一定差距，这种差距称为测量误差。（　　）
28. 仪表的允许误差应该大于（至少等于）工艺上所允许的最大相对百分误差。（　　）
29. 动态误差的大小常用时间常数、全行程时间和滞后时间来表示。（　　）
30. 通常总是希望测量仪表的输出与输入之间呈非线性关系。（　　）</td></tr>
<tr><td>问答题
（共计 30 分）</td><td>1. 什么是绝对误差、相对误差、引用误差？（7 分）</td></tr>
</table>

	2．检测方法有哪些？常见的检测仪表有什么类别？（8 分） 3．按误差产生的原因，误差可分成哪些类？（7 分） 4．仪表的常用参数有哪些？分别是什么含义？（8 分）

任务检查表（由教师填写）

情　　境	学习情境 1　过程控制理论探索						
学 习 任 务	子学习情境 1.3　仪表测量的基础知识					完成时间	
任务完成人	班级		学习小组		负责人		责任人

内容是否切题，是否有遗漏知识点	
掌握知识和技能的情况	
PPT 设计合理性及美观度	
汇报的语态及体态	
需要补缺的知识和技能	

过程考核评价表（由教师填写）

<table>
<tr><td>情　　境</td><td colspan="8">学习情境 1　过程控制理论探索</td></tr>
<tr><td>学习任务</td><td colspan="5">子学习情境 1.3　仪表测量的基础知识</td><td>完成时间</td><td colspan="2"></td></tr>
<tr><td>任务完成人</td><td>班级</td><td></td><td>学习小组</td><td></td><td>负责人</td><td></td><td>责任人</td><td></td></tr>
<tr><td rowspan="2">评价项目</td><td rowspan="2">评价内容</td><td rowspan="2" colspan="4">评 价 标 准</td><td colspan="3">得分</td></tr>
<tr><td>自评</td><td>互评（组内互评，取平均分）</td><td>教师评价</td></tr>
<tr><td rowspan="3">专业能力（55%）</td><td>知识的理解和掌握能力</td><td colspan="4">对知识的理解、掌握及接受新知识的能力
□优（27）□良（22）□中（16）□差（10）</td><td></td><td></td><td></td></tr>
<tr><td>知识的综合应用能力</td><td colspan="4">根据工作任务，应用相关知识分析解决问题
□优（13）□良（10）□中（7）□差（5）</td><td></td><td></td><td></td></tr>
<tr><td>方案制定与实施能力</td><td colspan="4">在教师的指导下，能够制定工作计划和方案并能够优化和实施，完成工作任务单、工作计划和决策表、任务实施表的填写
□优（15）□良（12）□中（9）□差（7）</td><td></td><td></td><td></td></tr>
<tr><td rowspan="4">方法能力（25%）</td><td>独立学习能力</td><td colspan="4">在教师的指导下，借助学习资料，能够独立学习新知识和新技能，完成工作任务
□优（8）□良（7）□中（5）□差（3）</td><td></td><td></td><td></td></tr>
<tr><td>分析解决问题的能力</td><td colspan="4">在教师的指导下，独立解决工作中出现的各种问题，顺利完成工作任务
□优（7）□良（5）□中（3）□差（2）</td><td></td><td></td><td></td></tr>
<tr><td>获取信息能力</td><td colspan="4">通过教材、网络、期刊、专业书籍、技术手册等获取信息，并且整理资料，获取所需知识
□优（5）□良（3）□中（2）□差（1）</td><td></td><td></td><td></td></tr>
<tr><td>整体工作能力</td><td colspan="4">根据工作任务，制定、实施工作计划和方案；任务完成情况汇报
□优（5）□良（3）□中（2）□差（1）</td><td></td><td></td><td></td></tr>
<tr><td>社会能力（20%）</td><td>团队协作和沟通能力</td><td colspan="4">工作过程中，团队成员之间相互沟通、交流、协作、互帮互学，具备良好的群体意识
□优（5）□良（3）□中（2）□差（1）</td><td></td><td></td><td></td></tr>
</table>

	工作任务的组织管理能力	具有批评、自我管理和工作任务的组织管理能力 □优（5）□良（3）□中（2）□差（1）			
	工作责任心与职业道德	具有良好的工作责任心、社会责任心、团队责任心（学习、纪律、出勤、卫生）、职业道德和吃苦能力 □优（10）□良（8）□中（6）□差（4）			
总　分					

子学习情境 1.4　初识过程控制系统

情境导入

工作任务单

<table>
<tr><td>情　境</td><td colspan="6">学习情境 1　过程控制理论探索</td></tr>
<tr><td rowspan="3">任务概况</td><td rowspan="2">任务名称</td><td rowspan="2">子学习情境 1.4　初识过程控制系统</td><td>日期</td><td>班级</td><td>学习小组</td><td>负责人</td></tr>
<tr><td></td><td></td><td></td><td></td></tr>
<tr><td>组员</td><td colspan="5"></td></tr>
<tr><td>任务载体和资讯</td><td colspan="2"></td><td colspan="4">载体：理论知识 PK 大赛。
资讯：
1．过渡过程：①控制系统的静态和动态（重点）；②过渡过程概念（重点）；③阶跃信号概念（重点）；④过渡过程的类型及各类型的特点；⑤衰减振荡过渡过程的物理描述。
2．过程控制系统的性能指标：①超调量 σ（重点）；②余差 C（重点）；③衰减比 n（重点）；④调节时间 T_S（重点）；⑤振荡周期 T 和振荡频率 ω（重点）；⑥峰值时间 T_P。
3．环节特性对控制品质的影响：①系统中环节对象的特性是什么？各自有什么特点（重点）？②环节对象的各个特性对过渡过程的影响是什么（难点）？
4．过程控制中的特殊被控对象特点。</td></tr>
<tr><td>任务目标</td><td colspan="6">1．掌握过程控制的基础知识。
2．掌握对抗赛的组织方法，熟悉应变语言技巧。
3．培养学生的组织协调能力、语言表达能力，达成职业素质目标。</td></tr>
<tr><td>任务要求</td><td colspan="6">前期准备：小组分工合作，通过网络收集资料。
PK 要求：①每次抽取两个小组进行 PK 对决，其他同学观战；②开始前，由各自组长介绍该阶段所学内容；③先由 A 组提出问题，B 组回答，再由 B 组提出问题，A 组回答，以此类推往复进行；④提问时不准拖沓，提问小组若在规定时间内没有提出问题，则视为放弃；⑤被提问小组若在规定时间内没有回答出问题，也将视为放弃；⑥PK 持续时间由教师根据实际情况而定；⑦每个同学的基础分值为 60 分，在 PK 过程中按规则增减分值。
得分规则：①正常提问时，提问同学得 1 分，若对方回答错误或放弃回答，提问同学加 3 分，其他组员每人加 1 分；②小组所提问题的重复次数超过两次，提问同学扣 3 分，其他组员每人扣 1 分；③回答完全正确时，回答的同学加 5 分，其他组员每人加 1 分，回答错误时，回答的同学减 3 分，其他组员每人减 1 分；④若小组放弃回答，每个组员扣 2 分；⑤小组中第一个同学回答得不够全面，可由小组其他成员补充，这时由所有回答的同学来分割这 5 分（每题 5 分），其他组员不得分；⑥若小组所有成员都不能将一个问题补充全面，回答及补充回答的同学不得分，小组其他成员各扣一分；⑦被提问小组不能解答问题时，可由观战同学解答，解答正确该同学可获得 2 分。</td></tr>
</table>

制定方案

工作计划和决策表（由学生填写）

<table>
<tr><td colspan="2">情　　境</td><td colspan="7">学习情境 1　过程控制理论探索</td></tr>
<tr><td colspan="2" rowspan="2">任务概况</td><td>任务名称</td><td colspan="4">子学习情境 1.4　初识过程控制系统</td><td>日期</td><td></td></tr>
<tr><td>班级</td><td></td><td>小组名称</td><td></td><td>小组人数</td><td>负责人</td><td></td></tr>
<tr><td colspan="2">工作任务的方案</td><td colspan="7"></td></tr>
<tr><td colspan="7">重点工作目标事项</td><td colspan="2">关键配合需求</td></tr>
<tr><td>序号</td><td>责任人</td><td>工作内容概述</td><td>目标权重</td><td>开始时间</td><td>完成时间</td><td>完成目标验收要求</td><td>配合部门</td><td>配合内容</td></tr>
<tr><td>1</td><td></td><td></td><td></td><td></td><td></td><td></td><td></td><td></td></tr>
<tr><td>2</td><td></td><td></td><td></td><td></td><td></td><td></td><td></td><td></td></tr>
<tr><td>3</td><td></td><td></td><td></td><td></td><td></td><td></td><td></td><td></td></tr>
<tr><td>4</td><td></td><td></td><td></td><td></td><td></td><td></td><td></td><td></td></tr>
<tr><td>5</td><td></td><td></td><td></td><td></td><td></td><td></td><td></td><td></td></tr>
<tr><td>6</td><td></td><td></td><td></td><td></td><td></td><td></td><td></td><td></td></tr>
<tr><td>7</td><td></td><td></td><td></td><td></td><td></td><td></td><td></td><td></td></tr>
<tr><td>8</td><td></td><td></td><td></td><td></td><td></td><td></td><td></td><td></td></tr>
<tr><td>9</td><td></td><td></td><td></td><td></td><td></td><td></td><td></td><td></td></tr>
</table>

任务实施

任务实施表（由学生填写）

<table>
<tr><td>情　　境</td><td colspan="8">学习情境 1　过程控制理论探索</td></tr>
<tr><td>学 习 任 务</td><td colspan="6">子学习情境 1.4　初识过程控制系统</td><td>完成时间</td><td></td></tr>
<tr><td>任务完成人</td><td>班级</td><td></td><td>学习小组</td><td></td><td>负责人</td><td></td><td>责任人</td><td></td></tr>
<tr><td>本小组成员名单</td><td colspan="8"></td></tr>
<tr><td>PK 对手小组成员名单</td><td colspan="8"></td></tr>
<tr><td rowspan="6">我的提问</td><td>序号</td><td colspan="2">提问时间</td><td colspan="5">提问内容</td></tr>
<tr><td>1</td><td colspan="2"></td><td colspan="5"></td></tr>
<tr><td>2</td><td colspan="2"></td><td colspan="5"></td></tr>
<tr><td>3</td><td colspan="2"></td><td colspan="5"></td></tr>
<tr><td>4</td><td colspan="2"></td><td colspan="5"></td></tr>
<tr><td>5</td><td colspan="2"></td><td colspan="5"></td></tr>
</table>

<table>
<tr><td rowspan="3"></td><td>6</td><td></td><td></td></tr>
<tr><td>7</td><td></td><td></td></tr>
<tr><td>8</td><td></td><td></td></tr>
<tr><td rowspan="6">我的独立回答</td><td>序号</td><td>回答时间及问题题目</td><td>回答内容</td></tr>
<tr><td>1</td><td></td><td></td></tr>
<tr><td>2</td><td></td><td></td></tr>
<tr><td>3</td><td></td><td></td></tr>
<tr><td>4</td><td></td><td></td></tr>
<tr><td>5</td><td></td><td></td></tr>
<tr><td rowspan="9">我的补充</td><td>序号</td><td>回答时间及问题题目</td><td>补充回答内容</td></tr>
<tr><td>1</td><td></td><td></td></tr>
<tr><td>2</td><td></td><td></td></tr>
<tr><td>3</td><td></td><td></td></tr>
<tr><td>4</td><td></td><td></td></tr>
<tr><td>5</td><td></td><td></td></tr>
<tr><td>6</td><td></td><td></td></tr>
<tr><td>7</td><td></td><td></td></tr>
<tr><td>8</td><td></td><td></td></tr>
</table>

测试练习

<table>
<tr><td rowspan="2">任务概况</td><td colspan="6">子学习情境1.4　初识过程控制系统</td></tr>
<tr><td>班级</td><td></td><td>姓名</td><td></td><td>得分</td><td></td></tr>
<tr><td>填空题
（每空1分，共计22分）</td><td colspan="6">1．控制系统的__________是指过程控制系统中的被控变量不随时间变化的平衡状态，控制系统的__________是指过程控制系统中的被控变量随时间变化而变化的不平衡状态。
2．在设定值发生变化或系统受到扰动作用后，系统从原来的平衡状态进入新平衡状态时所经历的动态过程称为__________。
3．如果把控制系统看作是一个整体，我们称其设定值和外来干扰为__________，称其被控变量为__________。</td></tr>
</table>

<table>
<tr><td></td><td>4．过渡过程的研究方法是给控制系统输入标准信号，观察其输出信号的变化是否符合要求。控制系统的标准输入信号有__________信号、__________信号和__________信号。
5．过渡过程的形式包括__________、__________、__________和__________。
6．一个自动控制系统在受到外界扰动作用或设定值变化的影响时，要求被控变量在控制器的作用下，能够__________、__________、__________地趋近或恢复到设定值，使控制系统达到稳定状态。克服扰动造成的偏差而回到设定值的__________、__________和__________就成为了衡量系统优劣的性能指标。
7．衡量控制系统调节品质的优劣指标，第一为稳定性，根据__________、__________来衡量，第二为准确性，根据__________大小来衡量，第三为快速性，根据__________来衡量，即控制手段的“稳、准、狠”。</td></tr>
<tr><td>选择题
（每题 3 分，共计 39 分）</td><td>1．生产过程中引起被控量偏离其给定值的各种外在因素称为（　）。
A．被控量　B．扰动　C．控制量　D．给定值
2．当被控量受到扰动偏离给定值后，使被控量恢复为给定值所需改变的物理量称为（　）。
A．被控量　B．扰动　C．控制量　D．给定值
3．自动控制系统按照给定值进行分类，可以分成（　）、程序控制系统和随动控制系统。
A．闭环控制系统　B．定值控制系统　C．开环控制系统　D．简单控制系统
4．给定值在系统工作过程中保持不变，从而使被控量保持恒定，这样的系统称为（　）。
A．开环控制系统　B．程序控制系统　C．随动控制系统　D．定值控制系统
5．控制系统的给定值是时间的确定函数，这样的系统称为（　）。
A．开环控制系统　B．程序控制系统　C．随动控制系统　D．定值控制系统
6．控制系统的给定值按事先不确定的随机因素改变，这样的系统称为（　）。
A．开环控制系统　B．程序控制系统　C．随动控制系统　D．定值控制系统
7．自动控制系统按照结构进行分类，可以分成（　）、开环控制系统和复合控制系统。
A．开环控制系统　B．闭环控制系统　C．复合控制系统　D．随动控制系统
8．（　）是按被控量与给定值的偏差进行控制的。
A．开环控制系统　B．闭环控制系统　C．程序控制系统　D．随动控制系统
9．（　）中不存在反馈回路，控制器只根据直接或间接的扰动进行控制。
A．开环控制系统　B．闭环控制系统　C．程序控制系统　D．随动控制系统
10．工业过程对系统控制性能的要求，可以概括为（　）、准确性和快速性。
A．抗扰性　B．容错性　C．平衡性　D．稳定性
11．下面的叙述中，（　）是合理的。
A．控制系统的时间滞后现象主要是由被控对象的惯性特性引起的
B．控制系统的时间滞后现象主要是由检测装置的安装位置引起的
C．控制系统的时间滞后现象对控制系统的稳定性无影响
D．以上三种叙述都不完整
12．定值调节是一种能对（　）进行补偿的调节系统。
A．测量与给定之间的偏差　B．被调量的变化
C．干扰量的变化　D．给定值的变化
13．一个简单控制系统由四部分组成：（　）、执行单元、测量单元和被控对象。
A．优化单元　B．整定单元　C．控制单元　D．计算单元</td></tr>
<tr><td></td><td>1．衰减比 n 表示系统过渡过程曲线变化两个周期后的衰减快慢。（　）
2．被控对象特性是指被控对象输入与输出之间的关系。（　）</td></tr>
</table>

<table>
<tr><td rowspan="7">判断题
（每题 1 分，共计 9 分）</td><td>3．一个单回路控制系统由控制器、执行器、检测变送装置和被控对象组成。（　　）</td></tr>
<tr><td>4．生产过程中引起被控量偏离其给定值的各种因素称为扰动。（　　）</td></tr>
<tr><td>5．当被控量受到扰动偏离给定值后，使被控量恢复为给定值所需改变的物理量称为控制量。（　　）</td></tr>
<tr><td>6．反馈控制系统是按被控量与给定值的偏差进行控制的。（　　）</td></tr>
<tr><td>7．工业过程对系统控制性能的要求，可以概括为稳定性、准确性和快速性。（　　）</td></tr>
<tr><td>8．静态偏差是指过渡过程结束后，给定值与被控量稳态值的差值，它是控制系统静态准确性的衡量指标。（　　）</td></tr>
<tr><td>9．对于恒值控制系统，过渡过程的最大动态偏差是指被控变量第一个波的峰值与给定值之差。（　　）</td></tr>
<tr><td>问答题
（每题 10 分，共计 30 分）</td><td>1．什么是调节（被控）对象、给定值和偏差？

2．说明过程控制系统输入量和反馈的含义。

3．说明什么是超调量、余差、衰减比、调节时间？</td></tr>
</table>

任务检查表（由教师填写）

<table>
<tr><td>情　　境</td><td colspan="8">学习情境 1　过程控制理论探索</td></tr>
<tr><td>学 习 任 务</td><td colspan="6">子学习情境 1.4　初识过程控制系统</td><td>完成时间</td><td></td></tr>
<tr><td>任务完成人</td><td>班级</td><td></td><td>学习小组</td><td></td><td>负责人</td><td></td><td>责任人</td><td></td></tr>
<tr><td>内容是否切题，是否有遗漏知识点</td><td colspan="8"></td></tr>
<tr><td>掌握知识和技能的情况</td><td colspan="8"></td></tr>
</table>

PPT 设计合理性及美观度	
汇报的语态及体态	
需要补缺的知识和技能	

过程考核评价表（由教师填写）

<table>
<tr><td>情　　境</td><td colspan="7">学习情境1　过程控制理论探索</td></tr>
<tr><td>学习任务</td><td colspan="3">子学习情境1.4　初识过程控制系统</td><td colspan="2">完成时间</td><td colspan="2"></td></tr>
<tr><td>任务完成人</td><td>班级</td><td></td><td>学习小组</td><td></td><td>负责人</td><td></td><td>责任人</td></tr>
<tr><td rowspan="2">评价项目</td><td rowspan="2">评价内容</td><td rowspan="2" colspan="3">评 价 标 准</td><td colspan="3">得分</td></tr>
<tr><td>自评</td><td>互评（组内互评，取平均分）</td><td>教师评价</td></tr>
<tr><td rowspan="2">专业能力（55%）</td><td>知识的理解和掌握能力</td><td colspan="3">对知识的理解、掌握及接受新知识的能力
□优（27）□良（22）□中（16）□差（10）</td><td></td><td></td><td></td></tr>
<tr><td>知识的综合应用能力</td><td colspan="3">根据工作任务，应用相关知识分析解决问题
□优（13）□良（10）□中（7）□差（5）</td><td></td><td></td><td></td></tr>
<tr><td></td><td>方案制定与实施能力</td><td colspan="3">在教师的指导下，能够制定工作计划和方案并能够优化和实施，完成工作任务单、工作计划和决策表、任务实施表的填写
□优（15）□良（12）□中（9）□差（7）</td><td></td><td></td><td></td></tr>
<tr><td rowspan="4">方法能力（25%）</td><td>独立学习能力</td><td colspan="3">在教师的指导下，借助学习资料，能够独立学习新知识和新技能，完成工作任务
□优（8）□良（7）□中（5）□差（3）</td><td></td><td></td><td></td></tr>
<tr><td>分析解决问题的能力</td><td colspan="3">在教师的指导下，独立解决工作中出现的各种问题，顺利完成工作任务
□优（7）□良（5）□中（3）□差（2）</td><td></td><td></td><td></td></tr>
<tr><td>获取信息能力</td><td colspan="3">通过教材、网络、期刊、专业书籍、技术手册等获取信息，并且整理资料，获取所需知识
□优（5）□良（3）□中（2）□差（1）</td><td></td><td></td><td></td></tr>
<tr><td>整体工作能力</td><td colspan="3">根据工作任务，制定、实施工作计划和方案；任务完成情况汇报
□优（5）□良（3）□中（2）□差（1）</td><td></td><td></td><td></td></tr>
<tr><td rowspan="3">社会能力（20%）</td><td>团队协作和沟通能力</td><td colspan="3">工作过程中，团队成员之间相互沟通、交流、协作、互帮互学，具备良好的群体意识
□优（5）□良（3）□中（2）□差（1）</td><td></td><td></td><td></td></tr>
<tr><td>工作任务的组织管理能力</td><td colspan="3">具有批评、自我管理和工作任务的组织管理能力
□优（5）□良（3）□中（2）□差（1）</td><td></td><td></td><td></td></tr>
<tr><td>工作责任心与职业道德</td><td colspan="3">具有良好的工作责任心、社会责任心、团队责任心（学习、纪律、出勤、卫生）、职业道德和吃苦能力
□优（10）□良（8）□中（6）□差（4）</td><td></td><td></td><td></td></tr>
<tr><td colspan="5">总　　分</td><td></td><td></td><td></td></tr>
</table>

学习情境 2　物位控制

知识目标： 掌握物位检测仪表原理、安装及接线，掌握 FESTO 液位控制系统硬件及 FESTO 仿真盒的使用，掌握 EasyPort 接口及 FESTO Fluid Lab 软件的使用，掌握液位双位控制的方法。

能力目标： 培养学生利用网络资源进行资料收集的能力；培养学生获取、筛选信息和制定工作计划、方案及实施、检查和评价的能力；培养学生独立分析、解决问题的能力；培养学生的团队合作、交流、组织协调的能力和责任心。

素质目标： 养成严谨细致、一丝不苟的工作作风，养成严格按照仪表工职业操守进行工作的习惯；培养学生的自信心、竞争意识和效率意识；培养学生的爱岗敬业、诚实守信、服务群众、奉献社会等职业道德。

子学习情境 2.1　物位检测仪表

工作任务单

<table>
<tr><td>情　境</td><td colspan="6">学习情境 2　物位控制</td></tr>
<tr><td rowspan="3">任务概况</td><td rowspan="2">任务名称</td><td rowspan="2">子学习情境 2.1　物位检测仪表</td><td>日期</td><td>班级</td><td>学习小组</td><td>负责人</td></tr>
<tr><td></td><td></td><td></td><td></td></tr>
<tr><td>组员</td><td colspan="5"></td></tr>
<tr><td>任务载体和资讯</td><td colspan="2"></td><td colspan="4">载体：物位检测仪表说明书。
资讯：
1．超声波物位计的工作原理及分类（重点）。
2．差压式液位计（重点）：①差压式液位计的原理；②零点迁移；③零点迁移的矫正方法。
3．其他物位仪表：①玻璃管式或玻璃板式液位计；②磁翻转浮标液位计；③小型浮球液位计（液位开关）；④浮球液位计；⑤钢带液位计；⑥雷达物位计；⑦电容式物位计；⑧射频导纳物位计；⑨音叉物位计；⑩磁致伸缩物位计。</td></tr>
<tr><td>任务目标</td><td colspan="6">1．掌握阅读产品说明书的方法。
2．掌握一般物位检测仪表的安装及接线方法。
3．培养学生的组织协调能力、语言表达能力，达成职业素质目标。</td></tr>
<tr><td>任务要求</td><td colspan="6">前期准备：小组分工合作，通过网络收集某物位检测仪表说明书资料。
识读内容要求：①仪表原理；②仪表量程和精度；③仪表的电气连接方法及主要电气参数；④仪表的参数设置方法；⑤仪表的尺寸及安装方法。
任务成果：一份完整的报告。</td></tr>
</table>

制定方案

工作计划和决策表（由学生填写）

<table>
<tr><td colspan="2">情　　境</td><td colspan="7">学习情境 2　物位控制</td></tr>
<tr><td colspan="2" rowspan="2">任务概况</td><td>任务名称</td><td colspan="4">子学习情境 2.1　物位检测仪表</td><td>日期</td><td></td></tr>
<tr><td>班级</td><td></td><td>小组名称</td><td></td><td>小组人数</td><td>负责人</td><td></td></tr>
<tr><td colspan="2">工作任务的方案</td><td colspan="7"></td></tr>
<tr><td colspan="7">重点工作目标事项</td><td colspan="2">关键配合需求</td></tr>
<tr><td>序号</td><td>责任人</td><td>工作内容概述</td><td>目标权重</td><td>开始时间</td><td>完成时间</td><td>完成目标验收要求</td><td>配合部门</td><td>配合内容</td></tr>
<tr><td>1</td><td></td><td></td><td></td><td></td><td></td><td></td><td></td><td></td></tr>
<tr><td>2</td><td></td><td></td><td></td><td></td><td></td><td></td><td></td><td></td></tr>
<tr><td>3</td><td></td><td></td><td></td><td></td><td></td><td></td><td></td><td></td></tr>
<tr><td>4</td><td></td><td></td><td></td><td></td><td></td><td></td><td></td><td></td></tr>
<tr><td>5</td><td></td><td></td><td></td><td></td><td></td><td></td><td></td><td></td></tr>
<tr><td>6</td><td></td><td></td><td></td><td></td><td></td><td></td><td></td><td></td></tr>
<tr><td>7</td><td></td><td></td><td></td><td></td><td></td><td></td><td></td><td></td></tr>
<tr><td>8</td><td></td><td></td><td></td><td></td><td></td><td></td><td></td><td></td></tr>
<tr><td>9</td><td></td><td></td><td></td><td></td><td></td><td></td><td></td><td></td></tr>
<tr><td>10</td><td></td><td></td><td></td><td></td><td></td><td></td><td></td><td></td></tr>
<tr><td>11</td><td></td><td></td><td></td><td></td><td></td><td></td><td></td><td></td></tr>
<tr><td>12</td><td></td><td></td><td></td><td></td><td></td><td></td><td></td><td></td></tr>
</table>

任务实施

任务实施表

<table>
<tr><td>情　　境</td><td colspan="8">学习情境 2　物位控制</td></tr>
<tr><td>学 习 任 务</td><td colspan="6">子学习情境 2.1　物位检测仪表</td><td>完成时间</td><td></td></tr>
<tr><td>任务完成人</td><td>班级</td><td></td><td>学习小组</td><td></td><td>负责人</td><td></td><td>责任人</td><td></td></tr>
<tr><td>仪表原理</td><td colspan="8"></td></tr>
</table>

<table>
<tr><td>仪表的量程、精度和温度范围</td><td colspan="2"></td></tr>
<tr><td rowspan="2">仪表的主要电气参数及电气连接方法（画图）</td><td>主要电气参数</td><td>电气连接方法</td></tr>
<tr><td></td><td></td></tr>
<tr><td>仪表的参数设置方法</td><td colspan="2"></td></tr>
<tr><td>仪表的尺寸及安装方法</td><td colspan="2"></td></tr>
</table>

测试练习

<table>
<tr><td rowspan="2">任务概况</td><td colspan="6">子学习情境 2.1　物位检测仪表</td></tr>
<tr><td>班级</td><td></td><td>姓名</td><td></td><td>得分</td><td></td></tr>
<tr><td>填空题
（每空 2 分，共计 30 分）</td><td colspan="6">1. 测量块状、颗粒状和粉料等固体物料堆积高度或表面位置的仪表称为__________；测量罐、塔和槽等容器内液体高度或液面位置的仪表称为__________；测量容器中两种互不溶解液体或固体与液体相界面位置的仪表称为__________。
2. 声波在传递过程中，如果遇到声阻相差很大的介质界面，就会从该界面__________，只有一小部分能透过分界面继续传播。超声波液位计基于此原理测量距离。
3. 超声波物位计分为__________、__________、__________三种形式。
4. 液位计的安装要保证其声波通道畅通且与液面__________。液位计的声波通道不能与进料物流、粗糙的内壁、接缝、横档等__________。
5. 差压计测得的差压与液位高度成__________，常用来测量敞口容器和密封容器的液位。
6. 当测量具有腐蚀性或含有结晶颗粒，以及黏度大、易凝固等介质的液位时，为解决引压管线被腐蚀或堵塞的问题，可以采用__________差压变送器。
7. 差压变送器的高压室与容器的__________相连，低压室与__________空间相连。
8. 法兰式差压变送器有__________、__________、插入式或平法兰等结构形式，可根据被测介质的不同情况进行选用。</td></tr>
</table>

<table>
<tr><td>选择题
（每题2分，共计10分）</td><td>1．以下液位计中，基于连通器原理设计的是（　　）。
A．玻璃管式液位计　　B．磁翻板液位计
C．浮球液位计　　D．钢带液位计
2．以下液位计中，基于浮力和磁力原理设计的是（　　）。
A．玻璃管式液位计　　B．磁翻板液位计
C．电容式液位计　　D．钢带液位计
3．设超声波液位计中的换能器与介质分界面的距离为 S、声速为 C、声波从发射到反射接收的传输时间为 T，显然有（　　）的关系式。
A．$S=C\times T/2$　　B．$S=C\times T$　　C．$S=C\times 2T$
4．当测量具有腐蚀性或含有结晶颗粒，以及黏度大、易凝固等介质的液位时，为解决引压管线被腐蚀或堵塞的问题，可以采用（　　）测量液位。
A．玻璃板式液位计　　B．浮球液位计
C．法兰式差压变送器　　D．音叉物位计
5．以下属于直读式物位仪表的是（　　）。
A．玻璃板式液位计　　B．浮球液位计
C．法兰式差压变送器　　D．磁致伸缩物位计</td></tr>
<tr><td>判断题
（每题2分，共计10分）</td><td>1．声波在气体、金属、液体中传播时，在金属中受到的阻力最大。（　　）
2．仪表使用时，应尽量靠近强电压、电流、开关及SCR控制激励器。（　　）
3．超声波换能器既可以把电能转换为声能，也可以把声能转换为电能。（　　）
4．声速在同一种介质中的传播速度是不固定的。（　　）
5．法兰式差压变送器在膜盒、毛细管和测量室所组成的封闭系统内充有水作为传压介质，起到变送器与被测介质隔离的作用。（　　）</td></tr>
<tr><td>问答题
（每题10分，共计50分）</td><td>1．什么是零点迁移？零点迁移该如何矫正？

2．简述物位检测的目的。

3．说明常用物位检测仪表的分类。</td></tr>
</table>

	4．总结你学过的液位计，并简述其原理。 5．利用互联网资源，查找一种最大可以测量 100cm 高度水箱液位的传感器。说明其厂家、型号、参数和使用范围及价格。

任务检查表

情　　境	学习情境 2　物位控制						
学 习 任 务	子学习情境 2.1　物位检测仪表					完成时间	
任务完成人	班级		学习小组		负责人	责任人	
内容是否合理，是否有遗漏知识点							
掌握知识和技能的情况				书写是否工整			
需要补缺的知识和技能							

过程考核评价表

情　　境	学习情境 2　物位控制				
学 习 任 务	子学习情境 2.1　物位检测仪表		完成时间		
任务完成人	班级　　　学习小组		负责人　　　责任人		
评价项目	评价内容	评 价 标 准	得分		
			自评	互评（组内互评，取平均分）	教师评价
专业能力（55%）	知识的理解和掌握能力	对知识的理解、掌握及接受新知识的能力 □优（27）□良（22）□中（16）□差（10）			
	知识的综合应用能力	根据工作任务，应用相关知识分析解决问题 □优（13）□良（10）□中（7）□差（5）			
	方案制定与实施能力	在教师的指导下，能够制定工作计划和方案并能够优化和实施，完成工作任务单、工作计划和决策表、任务实施表的填写 □优（15）□良（12）□中（9）□差（7）			

方法能力（25%）	独立学习能力	在教师的指导下，借助学习资料，能够独立学习新知识和新技能，完成工作任务 □优（8）□良（7）□中（5）□差（3）			
	分析解决问题的能力	在教师的指导下，独立解决工作中出现的各种问题，顺利完成工作任务 □优（7）□良（5）□中（3）□差（2）			
	获取信息能力	通过教材、网络、期刊、专业书籍、技术手册等获取信息，并且整理资料，获取所需知识 □优（5）□良（3）□中（2）□差（1）			
	整体工作能力	根据工作任务，制定、实施工作计划和方案；任务完成情况汇报 □优（5）□良（3）□中（2）□差（1）			
社会能力（20%）	团队协作和沟通能力	工作过程中，团队成员之间相互沟通、交流、协作、互帮互学，具备良好的群体意识 □优（5）□良（3）□中（2）□差（1）			
	工作任务的组织管理能力	具有批评、自我管理和工作任务的组织管理能力 □优（5）□良（3）□中（2）□差（1）			
	工作责任心与职业道德	具有良好的工作责任心、社会责任心、团队责任心（学习、纪律、出勤、卫生）、职业道德和吃苦能力 □优（10）□良（8）□中（6）□差（4）			
总　分					

子学习情境 2.2　FESTO 液位控制系统硬件

工作任务单

情　境	学习情境 2　物位控制					
任务概况	任务名称	子学习情境 2.2　FESTO 液位控制系统硬件	日期	班级	学习小组	负责人
	组员					
任务载体和资讯		**载体**：FESTO 过程控制系统及说明书。 **资讯**： 1．液位控制系统硬件（重点）：①信号转换及马达控制的 I/O 板；②I/O 控制面板；③电容式接近开关 B113 和 B114；④浮子限位开关传感器 S111 和 S112；⑤超声波传感器 B101；⑥泵 B101；⑦球阀 V102；⑧S7-300。 2．液位控制系统管路连接（重点）：①管件的插拔方法；②液位控制系统的工艺流程图；③设备符号及仪表位号的含义。 3．仿真盒（Simulation Box）：①仿真盒上旋钮、开关和指示灯的作用；②仿真盒和过程控制系统的连接方法；③用仿真盒控制液位的操作方法。 4．液位控制系统电路图（重点）。				

任务目标	1．掌握阅读产品说明书的方法。 2．掌握液位控制的管路连接关系。 3．掌握液位控制系统各硬件的性能。 4．掌握液位控制系统各组件的电气连接关系。 5．掌握仿真盒的操作方法，会使用仿真盒对系统液位进行操控。 6．培养学生的组织协调能力、语言表达能力，达成职业素质目标。
任务要求	1．要认真识读 FESTO 过程控制系统的操作安全章程和事故处理方法。 2．认真观察 FESTO 过程控制系统的各组件。 3．认真阅读 FESTO 过程控制系统的说明书。 4．设计液位控制的管路连接方式。 5．通过万用表测量和分析电路图，明确液位系统各组件的电气连接关系。 6．利用仿真盒对系统的液位参数实施控制，并分析数据。

制定方案

工作计划和决策表（由学生填写）

<table>
<tr><td>情　　境</td><td colspan="8">学习情境 2　物位控制</td></tr>
<tr><td rowspan="2">任务概况</td><td colspan="2">任务名称</td><td colspan="4">子学习情境 2.2　FESTO 液位控制系统硬件</td><td>日期</td><td></td></tr>
<tr><td>班级</td><td></td><td>小组名称</td><td></td><td>小组人数</td><td></td><td>负责人</td><td></td></tr>
<tr><td>工作任务的方案</td><td colspan="8"></td></tr>
<tr><td colspan="7">重点工作目标事项</td><td colspan="2">关键配合需求</td></tr>
<tr><td>序号</td><td>责任人</td><td>工作内容概述</td><td>目标权重</td><td>开始时间</td><td>完成时间</td><td>完成目标验收要求</td><td>配合部门</td><td>配合内容</td></tr>
<tr><td>1</td><td></td><td></td><td></td><td></td><td></td><td></td><td></td><td></td></tr>
<tr><td>2</td><td></td><td></td><td></td><td></td><td></td><td></td><td></td><td></td></tr>
<tr><td>3</td><td></td><td></td><td></td><td></td><td></td><td></td><td></td><td></td></tr>
<tr><td>4</td><td></td><td></td><td></td><td></td><td></td><td></td><td></td><td></td></tr>
<tr><td>5</td><td></td><td></td><td></td><td></td><td></td><td></td><td></td><td></td></tr>
</table>

6								
7								
8								
9								
10								
11								
12								

任务实施表

<table>
<tr><td>情　境</td><td colspan="7">学习情境 2　物位控制</td></tr>
<tr><td>学习任务</td><td colspan="5">子学习情境 2.2　FESTO 液位控制系统硬件</td><td>完成时间</td><td></td></tr>
<tr><td>任务完成人</td><td>班级</td><td></td><td>学习小组</td><td></td><td>负责人</td><td></td><td>责任人</td></tr>
<tr><td colspan="8">说明对应编号的设备符号及仪表位号含义</td></tr>
<tr><td colspan="2">LS-
S112</td><td colspan="2">LA+
S111</td><td colspan="2">LS-
B113</td><td colspan="2">LS+
B114</td></tr>
<tr><td colspan="2"></td><td colspan="2"></td><td colspan="2"></td><td colspan="2"></td></tr>
<tr><td colspan="2">LIC
B101</td><td colspan="2">V105</td><td colspan="2">S
V102</td><td colspan="2">P101
M</td></tr>
<tr><td colspan="2"></td><td colspan="2"></td><td colspan="2"></td><td colspan="2"></td></tr>
</table>

<table>
<tr><td colspan="3">说明对应编号的设备的作用和原理</td></tr>
<tr><td> 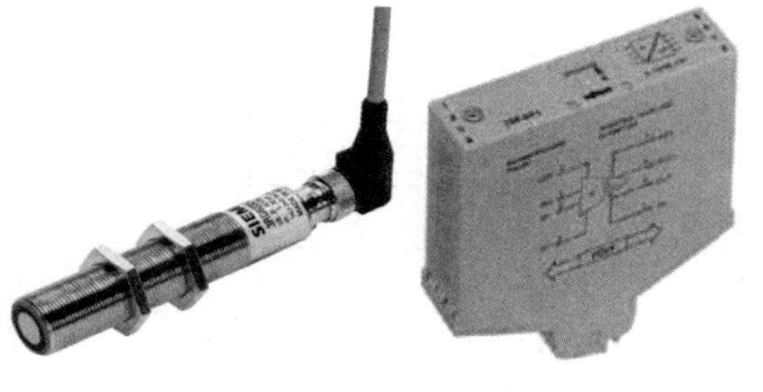</td><td> 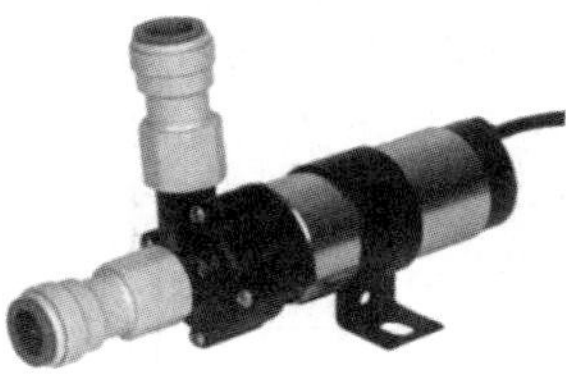</td><td> </td></tr>
<tr><td></td><td></td><td></td></tr>
<tr><td> 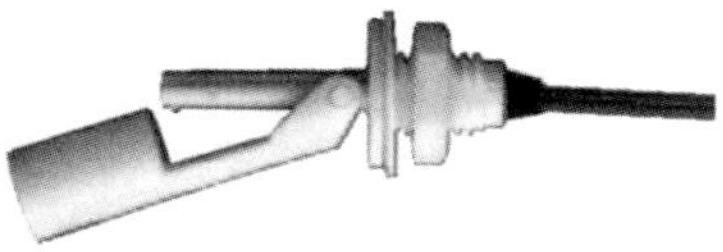</td><td> </td><td> </td></tr>
<tr><td></td><td></td><td></td></tr>
<tr><td colspan="3">用万用表测量端子板 XMA1 及 X2 上端子电位，在下图中标出继电器 K1 的连接端子、泵全压启动控制端子、液位浮标 S112 和 S111 的连接端子、液位电容接近开关 S113 和 S114 的连接端子、球阀状态反馈触点 S115 和 S116 的连接端子、超声波传感器的连接端子、泵的控制电压接线端子。</td></tr>
</table>

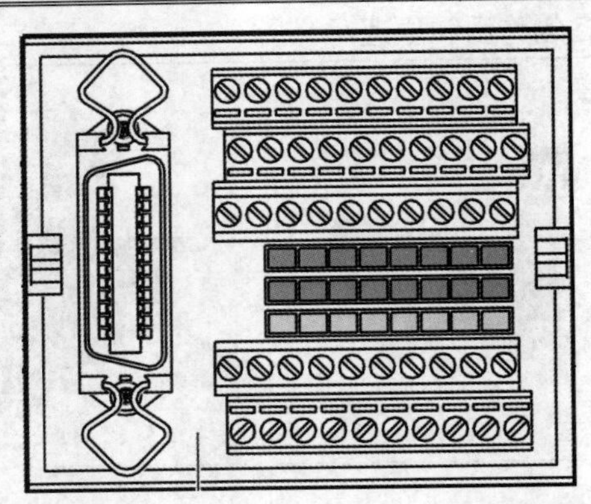

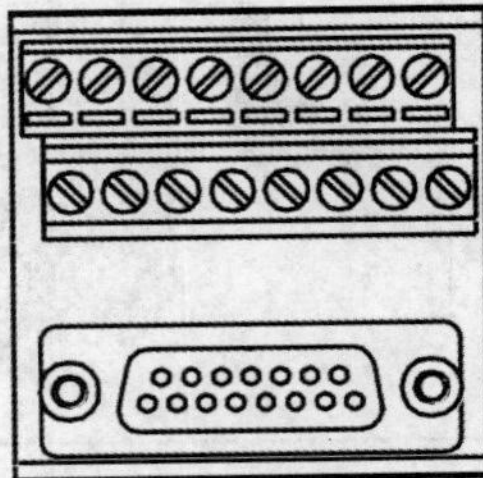

液位控制系统电路连接图

超声波传感器数据分析

液位/mm	0	10	20	30	40	50	60	70	80	90	100	110	120	130	140	150
电压/V																
液位/mm	160	170	180	190	200	210	220	230	240	250	260	270	280	290	300	
电压/V																

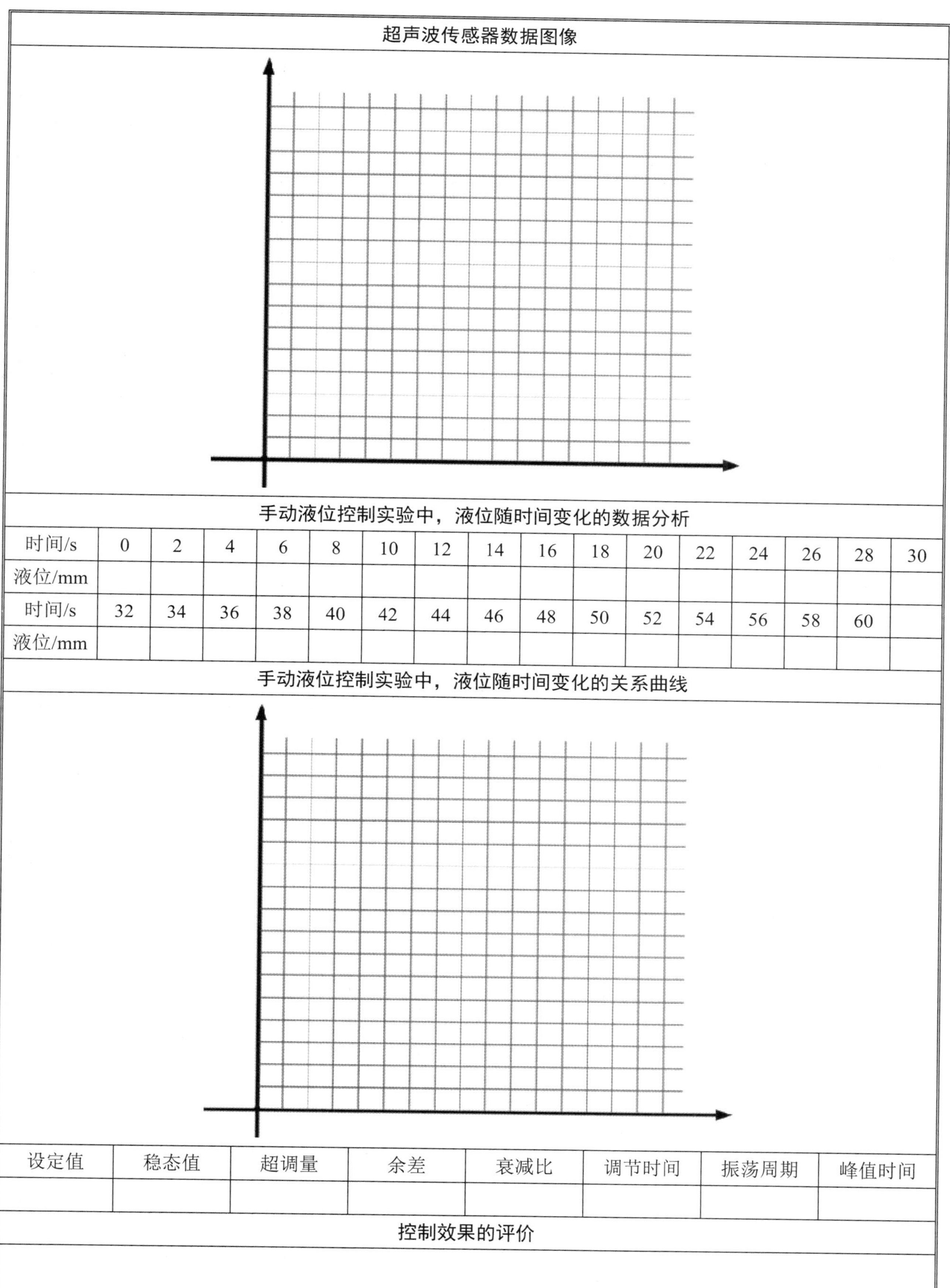

超声波传感器数据图像

手动液位控制实验中，液位随时间变化的数据分析

时间/s	0	2	4	6	8	10	12	14	16	18	20	22	24	26	28	30
液位/mm																
时间/s	32	34	36	38	40	42	44	46	48	50	52	54	56	58	60	
液位/mm																

手动液位控制实验中，液位随时间变化的关系曲线

设定值	稳态值	超调量	余差	衰减比	调节时间	振荡周期	峰值时间

控制效果的评价

任务检查表（由教师填写）

<table>
<tr><td>情　　境</td><td colspan="8">学习情境2　物位控制</td></tr>
<tr><td>学习任务</td><td colspan="6">子学习情境2.2　FESTO液位控制系统硬件</td><td>完成时间</td><td></td></tr>
<tr><td>任务完成人</td><td>班级</td><td></td><td>学习小组</td><td></td><td>负责人</td><td></td><td>责任人</td><td></td></tr>
<tr><td>管路连接设计情况</td><td colspan="8"></td></tr>
<tr><td>电路分析情况</td><td colspan="8"></td></tr>
<tr><td>实践技能情况</td><td colspan="8"></td></tr>
<tr><td>内容的合理性，是否有遗漏知识点</td><td colspan="8"></td></tr>
<tr><td>需要补缺的知识和技能</td><td colspan="8"></td></tr>
</table>

过程考核评价表（由教师填写）

<table>
<tr><td>情　　境</td><td colspan="8">学习情境2　物位控制</td></tr>
<tr><td>学习任务</td><td colspan="5">子学习情境2.2　FESTO液位控制系统硬件</td><td>完成时间</td><td colspan="2"></td></tr>
<tr><td>任务完成人</td><td>班级</td><td></td><td>学习小组</td><td></td><td>负责人</td><td></td><td>责任人</td><td></td></tr>
<tr><td rowspan="2">评价项目</td><td rowspan="2">评价内容</td><td rowspan="2" colspan="4">评 价 标 准</td><td colspan="3">得分</td></tr>
<tr><td>自评</td><td>互评（组内互评，取平均分）</td><td>教师评价</td></tr>
<tr><td rowspan="4">专业能力（55%）</td><td>知识的理解和掌握能力</td><td colspan="4">对知识的理解、掌握及接受新知识的能力
□优（12）□良（9）□中（6）□差（4）</td><td></td><td></td><td></td></tr>
<tr><td>知识的综合应用能力</td><td colspan="4">根据工作任务，应用相关知识分析解决问题
□优（13）□良（10）□中（7）□差（5）</td><td></td><td></td><td></td></tr>
<tr><td>方案制定与实施能力</td><td colspan="4">在教师的指导下，能够制定工作计划和方案并能够优化和实施，完成工作任务单、工作计划和决策表、任务实施表的填写
□优（15）□良（12）□中（9）□差（7）</td><td></td><td></td><td></td></tr>
<tr><td>实践动手操作能力</td><td colspan="4">根据任务要求完成任务载体
□优（15）□良（12）□中（9）□差（7）</td><td></td><td></td><td></td></tr>
<tr><td rowspan="2">方法能力（25%）</td><td>独立学习能力</td><td colspan="4">在教师的指导下，借助学习资料，能够独立学习新知识和新技能，完成工作任务
□优（8）□良（7）□中（5）□差（3）</td><td></td><td></td><td></td></tr>
<tr><td>分析解决问题的能力</td><td colspan="4">在教师的指导下，独立解决工作中出现的各种问题，顺利完成工作任务
□优（7）□良（5）□中（3）□差（2）</td><td></td><td></td><td></td></tr>
</table>

	获取信息能力	通过教材、网络、期刊、专业书籍、技术手册等获取信息，并且整理资料，获取所需知识 □优（5）□良（3）□中（2）□差（1）			
	整体工作能力	根据工作任务，制定、实施工作计划和方案；任务完成情况汇报 □优（5）□良（3）□中（2）□差（1）			
社会能力（20%）	团队协作和沟通能力	工作过程中，团队成员之间相互沟通、交流、协作、互帮互学，具备良好的群体意识 □优（5）□良（3）□中（2）□差（1）			
	工作任务的组织管理能力	具有批评、自我管理和工作任务的组织管理能力 □优（5）□良（3）□中（2）□差（1）			
	工作责任心与职业道德	具有良好的工作责任心、社会责任心、团队责任心（学习、纪律、出勤、卫生）、职业道德和吃苦能力 □优（10）□良（8）□中（6）□差（4）			
总　分					

子学习情境 2.3　液位双位控制

情境导入

工作任务单

情　境	学习情境 2　物位控制					
任务概况	任务名称	子学习情境 2. 3　液位双位控制	日期	班级	学习小组	负责人
	组员					
任务载体和资讯		**载体：** FESTO 过程控制系统及说明书。 **资讯：** 1. 双位控制（重点）：①双位控制规律；②双位控制的设定值与偏差；③双位控制的缺陷。 2. 具有中间区的双位控制：①具有中间区的双位控制规律；②有中间区的双位控制系统的控制参数；③具有中间区的双位控制系统的品质指标；④双位控制的应用场合及特点。 3. EasyPort 接口：①EasyPort 接口；②EasyPort 接口的接线；③EasyPort 接口的设置。 4. FESTO Fluid Lab 软件：①Fluid Lab-PA 主窗口；②Fluid Lab 设置窗口；③“测量与控制”窗口；④“2 点闭环控制”窗口；⑤“连续量闭环控制”窗口。 5. 基于 Fluid Lab 软件的液位双位控制：①手动液位双位控制；②自动液位双位控制；③有扰动输入的液位双位控制。				
任务目标	1. 掌握阅读产品说明书的方法。 2. 掌握液位控制的管路连接关系。 3. 掌握液位控制系统各组件及 EasyPort 的电气连接关系。 4. 掌握 Fluid Lab 软件的操作方法，会使用 Fluid Lab 软件对系统液位进行操控。 5. 掌握双位闭环控制规律。 6. 培养学生的组织协调能力、语言表达能力；达成职业素质目标					

<table>
<tr><td>任务要求</td><td>1．要认真识读 FESTO 过程控制系统的操作安全章程和事故处理方法。
2．认真观察 FESTO 过程控制系统的各组件。
3．认真阅读 FESTO 过程控制系统的说明书。
4．设计液位控制的管路连接方式。
5．要明确 EasyPort 接口以及 FESTO Fluid Lab 软件的使用方法。
6．利用 EasyPort 接口以及 FESTO Fluid Lab 软件对系统的液位参数实施控制，并分析数据。</td></tr>
</table>

工作计划和决策表（由学生填写）

<table>
<tr><td>情　　境</td><td colspan="8">学习情境 2　物位控制</td></tr>
<tr><td rowspan="2">任务概况</td><td>任务名称</td><td colspan="5">子学习情境 2.3　液位双位控制</td><td>日期</td><td></td></tr>
<tr><td>班级</td><td></td><td>小组名称</td><td></td><td>小组人数</td><td></td><td>负责人</td><td></td></tr>
<tr><td>工作任务的方案</td><td colspan="8"></td></tr>
</table>

<table>
<tr><td colspan="7">重点工作目标事项</td><td colspan="2">关键配合需求</td></tr>
<tr><td>序号</td><td>责任人</td><td>工作内容概述</td><td>目标权重</td><td>开始时间</td><td>完成时间</td><td>完成目标验收要求</td><td>配合部门</td><td>配合内容</td></tr>
<tr><td>1</td><td></td><td></td><td></td><td></td><td></td><td></td><td></td><td></td></tr>
<tr><td>2</td><td></td><td></td><td></td><td></td><td></td><td></td><td></td><td></td></tr>
<tr><td>3</td><td></td><td></td><td></td><td></td><td></td><td></td><td></td><td></td></tr>
<tr><td>4</td><td></td><td></td><td></td><td></td><td></td><td></td><td></td><td></td></tr>
<tr><td>5</td><td></td><td></td><td></td><td></td><td></td><td></td><td></td><td></td></tr>
<tr><td>6</td><td></td><td></td><td></td><td></td><td></td><td></td><td></td><td></td></tr>
<tr><td>7</td><td></td><td></td><td></td><td></td><td></td><td></td><td></td><td></td></tr>
<tr><td>8</td><td></td><td></td><td></td><td></td><td></td><td></td><td></td><td></td></tr>
<tr><td>9</td><td></td><td></td><td></td><td></td><td></td><td></td><td></td><td></td></tr>
<tr><td>10</td><td></td><td></td><td></td><td></td><td></td><td></td><td></td><td></td></tr>
<tr><td>11</td><td></td><td></td><td></td><td></td><td></td><td></td><td></td><td></td></tr>
<tr><td>12</td><td></td><td></td><td></td><td></td><td></td><td></td><td></td><td></td></tr>
</table>

任务实施表

情　　境	学习情境 2　物位控制															
学习任务	子学习情境 2.3　液位双位控制													完成时间		
任务完成人	班级		学习小组		负责人		责任人									
首次液位双位自动控制数据																
时间/s																
液位/mm																
时间/s																
液位/mm																
时间/s																
液位/mm																
时间/s																
液位/mm																
首次双位自动控制时，液位随时间变化的关系曲线																

液位设定值/mm	调节偏差设定值/mm	调节周期/s

改变偏差及设定值后的液位双位自动控制数据

时间/s															
液位/mm															
时间/s															
液位/mm															
时间/s															
液位/mm															
时间/s															
液位/mm															

改变偏差及设定值后液位随时间变化的关系曲线

液位设定值/mm	调节偏差设定值/mm	调节周期/s

比较两次双位自动控制，分析控制效果

有扰动输入的液位双位自动控制数据																
时间/s																
液位/mm																
时间/s																
液位/mm																
时间/s																
液位/mm																
时间/s																
液位/mm																

有扰动输入时，双位自动控制系统中液位随时间变化的关系曲线

液位设定值/mm	调节偏差设定值/mm	调节周期/s	扰动引起的最大偏差/mm	扰动回复时间/s

控制效果的评价

任务概况	子学习情境 2.3 液位双位控制					
	班级		姓名		得分	
填空题 （每空2分，共计40分）	1．过程控制器的控制规律是指控制器的__________与__________的关系。 2．过程控制系统常用的参数整定方法有__________、__________、__________和__________。 3．在闭环控制系统中，根据设定值的不同形式，又可分为__________、__________和程序控制系统。 4．控制器的基本控制规律有__________、__________、__________和__________等几种。 5．双位控制古老而简单，其控制器的输出只有两个值：__________或__________。但这种控制最显著的缺陷是会引起执行器的__________。 6．克服双位控制使控制机构开关频繁的问题的做法是设置__________。 7．双位控制系统结构简单，容易实现控制，在实施时只要选用带__________的检测仪表、__________，再配上__________、__________、执行器、磁力启动器等即可构成双位控制系统。					
简答题 （共计60分）	1．什么是控制器的控制规律？工业上常用的控制规律有哪些？（10分） 2．什么是双位控制？请说明应用此种控制策略的优缺点。（10分） 3．什么是带有中间区的双位控制？有什么优点？（20分） 4．举例说明双位控制和带有中间区的双位控制的具体含义。（20分）					

任务检查表（由教师填写）

<table>
<tr><td>情　　境</td><td colspan="8">学习情境 2　物位控制</td></tr>
<tr><td>学 习 任 务</td><td colspan="6">子学习情境 2.3　液位双位控制</td><td>完成时间</td><td></td></tr>
<tr><td>任务完成人</td><td>班级</td><td></td><td>学习小组</td><td></td><td>负责人</td><td></td><td>责任人</td><td></td></tr>
<tr><td>设备连接情况</td><td colspan="8"></td></tr>
<tr><td>软件掌握情况</td><td colspan="8"></td></tr>
<tr><td>实践技能情况</td><td colspan="8"></td></tr>
<tr><td>内容的合理性，是否有遗漏知识点</td><td colspan="8"></td></tr>
<tr><td>需要补缺的知识和技能</td><td colspan="8"></td></tr>
</table>

过程考核评价表（由教师填写）

<table>
<tr><td>情　　境</td><td colspan="5">学习情境 2　物位控制</td></tr>
<tr><td>学 习 任 务</td><td colspan="2">子学习情境 2.3　液位双位控制</td><td>完成时间</td><td colspan="2"></td></tr>
<tr><td>任务完成人</td><td colspan="5">班级　　学习小组　　负责人　　责任人</td></tr>
<tr><td rowspan="2">评价项目</td><td rowspan="2">评价内容</td><td rowspan="2">评 价 标 准</td><td colspan="3">得分</td></tr>
<tr><td>自评</td><td>互评（组内互评，取平均分）</td><td>教师评价</td></tr>
<tr><td rowspan="2">专业能力（55%）</td><td>知识的理解和掌握能力</td><td>对知识的理解、掌握及接受新知识的能力
□优（12）□良（9）□中（6）□差（4）</td><td></td><td></td><td></td></tr>
<tr><td>知识的综合应用能力</td><td>根据工作任务，应用相关知识分析解决问题
□优（13）□良（10）□中（7）□差（5）</td><td></td><td></td><td></td></tr>
</table>

<table>
<tr><td rowspan="2"></td><td>方案制定与实施能力</td><td>在教师的指导下，能够制定工作计划和方案并能够优化和实施，完成工作任务单、工作计划和决策表、任务实施表的填写
□优（15）□良（12）□中（9）□差（7）</td><td></td><td></td><td></td></tr>
<tr><td>实践动手操作能力</td><td>根据任务要求完成任务载体
□优（15）□良（12）□中（9）□差（7）</td><td></td><td></td><td></td></tr>
<tr><td rowspan="4">方法能力（25%）</td><td>独立学习能力</td><td>在教师的指导下，借助学习资料，能够独立学习新知识和新技能，完成工作任务
□优（8）□良（7）□中（5）□差（3）</td><td></td><td></td><td></td></tr>
<tr><td>分析解决问题的能力</td><td>在教师的指导下，独立解决工作中出现的各种问题，顺利完成工作任务
□优（7）□良（5）□中（3）□差（2）</td><td></td><td></td><td></td></tr>
<tr><td>获取信息能力</td><td>通过教材、网络、期刊、专业书籍、技术手册等获取信息，并且整理资料，获取所需知识
□优（5）□良（3）□中（2）□差（1）</td><td></td><td></td><td></td></tr>
<tr><td>整体工作能力</td><td>根据工作任务，制定、实施工作计划和方案；任务完成情况汇报
□优（5）□良（3）□中（2）□差（1）</td><td></td><td></td><td></td></tr>
<tr><td rowspan="3">社会能力（20%）</td><td>团队协作和沟通能力</td><td>工作过程中，团队成员之间相互沟通、交流、协作、互帮互学，具备良好的群体意识
□优（5）□良（3）□中（2）□差（1）</td><td></td><td></td><td></td></tr>
<tr><td>工作任务的组织管理能力</td><td>具有批评、自我管理和工作任务的组织管理能力
□优（5）□良（3）□中（2）□差（1）</td><td></td><td></td><td></td></tr>
<tr><td>工作责任心与职业道德</td><td>具有良好的工作责任心、社会责任心、团队责任心（学习、纪律、出勤、卫生）、职业道德和吃苦能力
□优（10）□良（8）□中（6）□差（4）</td><td></td><td></td><td></td></tr>
<tr><td colspan="3">总　分</td><td></td><td></td><td></td></tr>
</table>

学习情境 3 压力控制

学习目标

知识目标：使学生熟悉比例积分控制知识，掌握 PCS 工作站上有关压力控制系统的各器件连接关系，掌握试验台压力控制系统的调试。

能力目标：培养学生利用网络资源进行资料收集的能力；培养学生获取、筛选信息和制定工作计划、方案及实施、检查和评价的能力；培养学生独立分析、解决问题的能力；培养学生的团队合作、交流、组织协调的能力和责任心。

素质目标：养成严谨细致、一丝不苟的工作作风，养成严格按照仪表工职业操守进行工作的习惯；培养学生的自信心、竞争意识和效率意识；培养学生的爱岗敬业、诚实守信、服务群众、奉献社会等职业道德。

子学习情境 3.1 压力检测仪表

工作任务单

<table>
<tr><td>情　　境</td><td colspan="6">学习情境 3　压力控制</td></tr>
<tr><td rowspan="3">任务概况</td><td rowspan="2">任务名称</td><td rowspan="2">子学习情境 3.1　压力检测仪表</td><td>日期</td><td>班级</td><td>学习小组</td><td>负责人</td></tr>
<tr><td></td><td></td><td></td><td></td></tr>
<tr><td>组员</td><td colspan="5"></td></tr>
<tr><td rowspan="2">任务载体和资讯</td><td colspan="2" rowspan="2"></td><td colspan="4">载体：压力变送器</td></tr>
<tr><td colspan="4">资讯：
1．关于压力的预备知识：①压力的概念；②压力的单位。
2．弹性式压力计：①弹簧管压力计（重点）；②波纹管差压计；③膜盒压力表。
3．电气式压力计：①霍尔压力传感器；②电容式压力传感器；③压电式压力传感器；④应变式压力传感器（重点）；⑤压阻式压力传感器（重点）。
4．压力变送器（重点）：①电位器式压力变送器；②电感式压力变送器；③电容式压力变送器（重点）。
5．压力仪表的安装和校验（重点）：①差压变送器的选择和安装（重点）；②压力仪表校验（重点）；③HK-HART375 手操器（重点）。</td></tr>
<tr><td>任务目标</td><td colspan="6">1．掌握压力、压强的概念和单位。
2．掌握常见压力检测仪表的分类、功能和原理。</td></tr>
</table>

	3．掌握制作PPT的方法，熟悉汇报的一些语言技巧。 4．培养学生的组织协调能力、语言表达能力，达成职业素质目标。
任务要求	**前期准备**：小组分工合作，通过网络收集资料。 **汇报文稿要求**：①主题要突出；②内容不要偏离主题；③叙述要有条理；④不要空话连篇；⑤提纲挈领，忌大段文字。 **汇报技巧**：①不要自说自话，要与听众有眼神交流；②语速要张弛有度；③衣着得体；④体态自然。

工作计划和决策表（由学生填写）

<table>
<tr><td>情　　境</td><td colspan="9">学习情境3　压力控制</td></tr>
<tr><td rowspan="2">任务概况</td><td colspan="6">子学习情境3.1　压力检测仪表</td><td>日期</td><td colspan="2"></td></tr>
<tr><td>班级</td><td></td><td>小组名称</td><td></td><td>小组人数</td><td></td><td>负责人</td><td colspan="2"></td></tr>
<tr><td>工作任务的方案</td><td colspan="9"></td></tr>
</table>

<table>
<tr><td colspan="7">重点工作目标事项</td><td colspan="2">关键配合需求</td></tr>
<tr><td>序号</td><td>责任人</td><td>工作内容概述</td><td>目标权重</td><td>开始时间</td><td>完成时间</td><td>完成目标验收要求</td><td>配合部门</td><td>配合内容</td></tr>
<tr><td>1</td><td></td><td></td><td></td><td></td><td></td><td></td><td></td><td></td></tr>
<tr><td>2</td><td></td><td></td><td></td><td></td><td></td><td></td><td></td><td></td></tr>
<tr><td>3</td><td></td><td></td><td></td><td></td><td></td><td></td><td></td><td></td></tr>
<tr><td>4</td><td></td><td></td><td></td><td></td><td></td><td></td><td></td><td></td></tr>
<tr><td>5</td><td></td><td></td><td></td><td></td><td></td><td></td><td></td><td></td></tr>
<tr><td>6</td><td></td><td></td><td></td><td></td><td></td><td></td><td></td><td></td></tr>
<tr><td>7</td><td></td><td></td><td></td><td></td><td></td><td></td><td></td><td></td></tr>
<tr><td>8</td><td></td><td></td><td></td><td></td><td></td><td></td><td></td><td></td></tr>
<tr><td>9</td><td></td><td></td><td></td><td></td><td></td><td></td><td></td><td></td></tr>
<tr><td>10</td><td></td><td></td><td></td><td></td><td></td><td></td><td></td><td></td></tr>
</table>

任务实施

任务实施表

<table>
<tr><td colspan="2">情　　境</td><td colspan="8">学习情境3　压力控制</td></tr>
<tr><td colspan="2">学 习 任 务</td><td colspan="6">子学习情境3.1　压力检测仪表</td><td>完成时间</td><td></td></tr>
<tr><td colspan="2">任务完成人</td><td>班级</td><td></td><td>学习小组</td><td></td><td>负责人</td><td></td><td>成员</td><td></td></tr>
<tr><td colspan="2">压力的概念和单位</td><td colspan="8"></td></tr>
<tr><td rowspan="8">仪表原理</td><td>弹簧管压力计</td><td colspan="8"></td></tr>
<tr><td>波纹管差压计</td><td colspan="8"></td></tr>
<tr><td>膜盒压力表</td><td colspan="8"></td></tr>
<tr><td>霍尔压力传感器</td><td colspan="8"></td></tr>
<tr><td>电容式压力传感器</td><td colspan="8"></td></tr>
<tr><td>压电式压力传感器</td><td colspan="8"></td></tr>
<tr><td>应变式压力传感器</td><td colspan="8"></td></tr>
<tr><td>压阻式压力传感器</td><td colspan="8"></td></tr>
<tr><td colspan="2">压力变送器的电气连接方法（画示意图）</td><td colspan="8"></td></tr>
</table>

压力变送器的性能指标和含义	
压力变送器的安装要素	
仪表的校验步骤	

测试练习

任务概况	子学习情境 3.1　压力检测仪表					
	班级		姓名		得分	
填空题 （每空 1 分，共计 60 分）	1．在工程上，压力是指__________作用于流体或固体界面单位面积上的__________。 2．大气压是地球表面上的空气柱因__________而产生的压力。 3．表压力又称为__________，是__________和__________的差值，是一个__________值。 4．当绝对压力小于大气压力时，表压力为__________，其绝对值称为__________，用来测量					

	真空度的仪表称为________。 5．弹性压力表是基于________受力变形的性质来实现压力测量的。 6．根据弹性元件形式的不同，弹性式压力计相应地可分为________压力计、________差压计、________压力表等。 7．弹性元件在轴向受到外力作用时，产生拉伸或压缩位移，与________和________成正比，与弹性元件的________成反比，这就是弹性式压力计的测量原理。 8．常见的弹性元件有________、________和________。 9．弹簧管常用材料有________、________、________和________等。 10．在选用压力表时，要考虑________和________。一般 P<19.62MPa 时，可以采用________和________；P>19.62MPa 时，则采用________和________。测量氨气压力必须采用________弹簧管，不能采用铜质材料。 11．单圈弹簧管压力表可附加电接点装置，即可做成________压力表。 12．电气式压力检测方法一般是用压力敏感元件直接将压力转换成________、________等电量的变化。能实现这种压力－电量转换的压敏元件有________、________和________。 13．常见的电气式压力计包括________、________、________、________、________等压力传感器。 14．压力变送器由________部分和________电路组成。 15．测量范围是仪表按规定的精度进行测量的________范围。测量范围的最小值和最大值分别称为测量________和测量________。 16．量程是________与________的代数差。测量范围可用________和量程来表述，或用变送器的________和量程来表述。 17．在实际使用中，由于测量要求或测量条件的变化，需要改变变送器的零点或量程，为此可以对变送器进行________和________。 18．零点调整的目的是使变送器输出信号的下限值与________相对应。量程调整的目的是使变送器的________与测量范围的上限值相对应。 19．量程比是指变送器的________测量范围和________测量范围之比，也是一个很重要的指标。 20．供电电源与输出信号分别用两根导线传输，这样的变送器称为________变送器。变送器连接的导线只有两根，这两根导线同时传输供电电源和输出信号，为________变送器。电源正端用一根线，信号输出正端用一根线，电源负端和信号负端共用一根线，为________变送器。
判断题 （每题 1 分，共计 15 分）	1．一般地说，常用的压力测量仪表测得的压力值均是绝对压力。（　　） 2．在精密压力测量中，U 型管压力计不能用水作为工作液体。（　　） 3．在冬季应用酒精、甘油来校验浮筒液位计。（　　） 4．使用 U 型管压力计测得的表压值，与玻璃管断面面积的大小有关。（　　） 5．在使用弹性式压力计测量压力的过程中，弹性元件可以无限制地变形。（　　） 6．环境温度对液柱压力计的测量精度没有影响。（　　） 7．质量流量与体积流量相同。（　　） 8．质量流量是体积流量与密度的乘积。（　　） 9．孔板是节流装置。（　　） 10．用 U 型管压力计测得的表压值，与玻璃管断面面积的大小有关。（　　） 11．标准节流装置是在流体的层流型工况下工作的。（　　） 12．角接取压和法兰取压只是取压方式不同，但标准孔板的本体结构是一样的。（　　） 13．差压变送器的检测元件一般有单膜片和膜盒组件两种。（　　） 14．大部分差压变送器的检测元件都采用膜盒组件，因为它具有很好的灵敏度和线性。（　　） 15．差压变送器的膜盒内充有硅油。（　　）

问答题 （共计 25 分）	1．压强的常见单位有哪些？写出它们之间的换算关系。（5 分） 2．压力计选择需要注意哪些指标？为什么？（5 分） 3．压力计的安装要注意哪些事项？（5 分） 4．简述仪表的校验步骤（10 分）

任务检查表（由教师填写）

情　　境	学习情境 3　压力控制						
学 习 任 务	子学习情境 3.1　压力检测仪表					完成时间	
任务完成人	班级		学习小组		负责人		责任人
内容是否切题，是否有遗漏知识点							
掌握知识和技能的情况							
PPT 设计合理性及美观度							
汇报的语态及体态							
需要补缺的知识和技能							

过程考核评价表（由教师填写）

<table>
<tr><td>情　　境</td><td colspan="9">学习情境 3　压力控制</td></tr>
<tr><td>学习任务</td><td colspan="5">子学习情境 3.1　压力检测仪表</td><td colspan="2">完成时间</td><td colspan="2"></td></tr>
<tr><td>任务完成人</td><td>班级</td><td></td><td>学习小组</td><td></td><td>负责人</td><td></td><td>责任人</td><td colspan="2"></td></tr>
<tr><td rowspan="2">评价项目</td><td rowspan="2">评价内容</td><td colspan="5" rowspan="2">评 价 标 准</td><td colspan="3">得分</td></tr>
<tr><td>自评</td><td>互评（组内互评，取平均分）</td><td>教师评价</td></tr>
<tr><td rowspan="3">专业能力（55%）</td><td>知识的理解和掌握能力</td><td colspan="5">对知识的理解、掌握及接受新知识的能力
□优（27）□良（22）□中（16）□差（10）</td><td></td><td></td><td></td></tr>
<tr><td>知识的综合应用能力</td><td colspan="5">根据工作任务，应用相关知识分析解决问题
□优（13）□良（10）□中（7）□差（5）</td><td></td><td></td><td></td></tr>
<tr><td>方案制定与实施能力</td><td colspan="5">在教师的指导下，能够制定工作计划和方案并能够优化和实施，完成工作任务单、工作计划和决策表、任务实施表的填写
□优（15）□良（12）□中（9）□差（7）</td><td></td><td></td><td></td></tr>
<tr><td rowspan="4">方法能力（25%）</td><td>独立学习能力</td><td colspan="5">在教师的指导下，借助学习资料，能够独立学习新知识和新技能，完成工作任务
□优（8）□良（7）□中（5）□差（3）</td><td></td><td></td><td></td></tr>
<tr><td>分析解决问题的能力</td><td colspan="5">在教师的指导下，独立解决工作中出现的各种问题，顺利完成工作任务
□优（7）□良（5）□中（3）□差（2）</td><td></td><td></td><td></td></tr>
<tr><td>获取信息能力</td><td colspan="5">通过教材、网络、期刊、专业书籍、技术手册等获取信息，并且整理资料，获取所需知识
□优（5）□良（3）□中（2）□差（1）</td><td></td><td></td><td></td></tr>
<tr><td>整体工作能力</td><td colspan="5">根据工作任务，制定、实施工作计划和方案；任务完成情况汇报
□优（5）□良（3）□中（2）□差（1）</td><td></td><td></td><td></td></tr>
<tr><td rowspan="3">社会能力（20%）</td><td>团队协作和沟通能力</td><td colspan="5">工作过程中，团队成员之间相互沟通、交流、协作、互帮互学，具备良好的群体意识
□优（5）□良（3）□中（2）□差（1）</td><td></td><td></td><td></td></tr>
<tr><td>工作任务的组织管理能力</td><td colspan="5">具有批评、自我管理和工作任务的组织管理能力
□优（5）□良（3）□中（2）□差（1）</td><td></td><td></td><td></td></tr>
<tr><td>工作责任心与职业道德</td><td colspan="5">具有良好的工作责任心、社会责任心、团队责任心（学习、纪律、出勤、卫生）、职业道德和吃苦能力
□优（10）□良（8）□中（6）□差（4）</td><td></td><td></td><td></td></tr>
<tr><td colspan="7">总　　分</td><td></td><td></td><td></td></tr>
</table>

子学习情境 3.2　执行器

工作任务单

<table>
<tr><td>情　　境</td><td colspan="6">学习情境 3　压力控制</td></tr>
<tr><td rowspan="3">任务概况</td><td rowspan="2">任务名称</td><td rowspan="2">子学习情境 3.2　执行器</td><td>日期</td><td>班级</td><td>学习小组</td><td>负责人</td></tr>
<tr><td></td><td></td><td></td><td></td></tr>
<tr><td>组员</td><td colspan="5"></td></tr>
</table>

<table>
<tr><td rowspan="2">任务载体
和资讯</td><td rowspan="2"></td><td>**载体：**执行器</td></tr>
<tr><td>**资讯：**
1．阀门：①阀门的定义和作用；②阀门的分类（重点）；③阀门的基础参数（重点）；④阀门的编号（重点）。
2．气动控制技术：①气源系统；②气动控制元件；③膜盒压力表。
3．执行器：①执行器组成（重点）；②执行器分类（重点）；③执行器的执行机构（重点）；④执行器的阀体（重点）；⑤气动调节阀的附件（重点）。</td></tr>
<tr><td>任务目标</td><td colspan="2">1．掌握执行器功能、分类、结构等。
2．掌握各种执行器的使用用法。
3．掌握制作 PPT 的方法，熟悉汇报的一些语言技巧。
4．培养学生的组织协调能力、语言表达能力，达成职业素质目标。</td></tr>
<tr><td>任务要求</td><td colspan="2">**前期准备：**小组分工合作，通过网络收集资料。
汇报文稿要求：①主题要突出；②内容不要偏离主题；③叙述要有条理；④不要空话连篇；⑤提纲挈领，忌大段文字。
汇报技巧：①不要自说自话，要与听众有眼神交流；②语速要张弛有度；③衣着得体；④体态自然。</td></tr>
</table>

工作计划和决策表（由学生填写）

<table>
<tr><td>情　　境</td><td colspan="8">学习情境 3　压力控制</td></tr>
<tr><td rowspan="2">任务概况</td><td colspan="2">任务名称</td><td colspan="4">子学习情境 3.2　执行器</td><td>日期</td><td></td></tr>
<tr><td>班级</td><td></td><td>小组名称</td><td></td><td>小组人数</td><td></td><td>负责人</td><td></td></tr>
<tr><td>工作任务的
方案</td><td colspan="8"></td></tr>
</table>

重点工作目标事项							关键配合需求	
序号	责任人	工作内容概述	目标权重	开始时间	完成时间	完成目标验收要求	配合部门	配合内容
1								
2								
3								
4								
5								
6								
7								
8								
9								
10								

任务实施

任务实施表（由学生填写）

情　　境	学习情境 3　压力控制							
学 习 任 务	子学习情境 3.2　执行器						完成时间	
任务完成人	班级		学习小组		负责人		责任人	
应用获得的知识使用 PPT 汇报								

<table>
<tr><td rowspan="2">任务概况</td><td colspan="6">子学习情境 3.2　执行器</td></tr>
<tr><td>班级</td><td></td><td>姓名</td><td></td><td>得分</td><td></td></tr>
<tr><td>填空题
（每空 1 分，
共计 80 分）</td><td colspan="6">1．阀门是在流体系统中，用来控制流体的________、________、________的装置。
2．主要用于截断或接通介质流的阀门为________。用于阻止介质倒流的阀门为________。调节介质的压力和流量的阀门为________。在介质压力超过规定值时，用来排放多余的介质，保证管路系统及设备安全的阀门为________。改变介质流向、分配介质的阀门为________。
3．阀门按动作方式分类为________、________、________和________等。
4．阀门的管道连接方式有________、________、________、________和卡套连接等。
5．阀门公称通径又称为________。根据通径可以确定管子、管件、阀门、法兰、垫片等结构________与连接________。
6．在国家标准规定温度下阀门允许的最大工作压力，称为________。
7．阀门的材料有________、________、________、________和铬钼钢等。
8．国内阀门通常所使用的公称压力，是近似于折合常温的耐压________数，美标阀门以________表示公称压力。
9．阀门是承受内压的机械产品，因而必须具有足够的________和________，以保证长期使用而不发生破裂或产生变形。因此，阀门总装完成之后，需要进行阀门的________试验。
10．阀门的________是指阀门各密封部位阻止介质泄漏的能力，它是阀门最重要的技术性能指标。因此，阀门总装完成之后，还要进行________试验。
11．按阀门阀芯结构分类，可将阀门分成________、________、________和________等。
12．空气压缩机，俗称________。将原动机输出的机械能转变为空气的________，从而向气动系统提供________。
13．气源系统提供的压缩空气必须满足一定要求，要具有一定的________和足够的________，以及一定的________和________。因此，气源系统必须有除________、除________、除________和干燥功能。
14．气动系统中常常用三联件，即________、________和________组件，为各个工作站提供压缩空气。
15．气动压力控制阀包括________阀、________阀和________阀等。
16．气动流量控制阀包括________阀、________阀和________阀等。
17．气动方向控制阀根据气流在阀内的流动方向，包括________型控制阀和________型控制阀。
18．换向阀按控制方式分为________阀、________阀、________阀和________阀等；按阀的通口数目分为________阀、________阀、________阀、________阀等；按阀芯的工作位置的数目分为________阀和________阀。
19．执行器是过程控制系统中用动力操作去改变流体流量的装置，由________和________两部分组成。执行机构起________作用，而阀起________作用。
20．执行机构分为________执行机构和________执行机构两类。
21．气动执行机构接受________或________输出的气压信号，并将其转换成相应的输出力和直线位移，以推动调节机构动作。主要类型有________、________、长行程式、滚筒膜片式。
22．气动薄膜执行机构分正作用和反作用两种形式，信号压力增加时推杆________动作的叫正作用执行机构；信号压力增加时推杆________动作的叫反作用执行机构。
23．电动执行机构接受控制器送来的标准电流信号，并将其线性地转换成相应的________行程或________行程，以推动调节机构动作。</td></tr>
</table>

判断题 （每题2分，共计10分）	1．一般来说，管道口径要比阀门口径大一些。（　） 2．当工作温度升高时，阀体的耐压也会提高。（　） 3．铬钼钢阀门和铜阀门的公称压力所规定的温度，前者要比后者低。（　） 4．美标阀门以磅级表示公称压力。（　） 5．阀门的磅级与公称压力是一一对应的。（　）
问答题 （每题5分，共计10分）	1．简述阀门的主要作用。 2．简述执行器的结构和工作原理。

检查评估

任务检查表（由教师填写）

情　　境	学习情境3　压力控制						
学习任务	子学习情境3.2　执行器					完成时间	
任务完成人	班级		学习小组		负责人	责任人	
内容是否切题，是否有遗漏知识点							
掌握知识和技能的情况							
PPT 设计合理性及美观度							

汇报的语态及体态	
需要补缺的知识和技能	

过程考核评价表（由教师填写）

<table>
<tr><td>情　　境</td><td colspan="6">学习情境 3　压力控制</td></tr>
<tr><td>学 习 任 务</td><td colspan="2">子学习情境 3.2　执行器</td><td colspan="2">完成时间</td><td colspan="2"></td></tr>
<tr><td>任务完成人</td><td colspan="6">班级 ＿＿ 学习小组 ＿＿ 负责人 ＿＿ 责任人 ＿＿</td></tr>
<tr><td rowspan="2">评价项目</td><td rowspan="2">评价内容</td><td rowspan="2">评 价 标 准</td><td colspan="3">得分</td></tr>
<tr><td>自评</td><td>互评（组内互评，取平均分）</td><td>教师评价</td></tr>
<tr><td rowspan="3">专业能力（55%）</td><td>知识的理解和掌握能力</td><td>对知识的理解、掌握及接受新知识的能力
□优（27）□良（22）□中（16）□差（10）</td><td></td><td></td><td></td></tr>
<tr><td>知识的综合应用能力</td><td>根据工作任务，应用相关知识分析解决问题
□优（13）□良（10）□中（7）□差（5）</td><td></td><td></td><td></td></tr>
<tr><td>方案制定与实施能力</td><td>在教师的指导下，能够制定工作计划和方案并能够优化和实施，完成工作任务单、工作计划和决策表、任务实施表的填写
□优（15）□良（12）□中（9）□差（7）</td><td></td><td></td><td></td></tr>
<tr><td rowspan="4">方法能力（25%）</td><td>独立学习能力</td><td>在教师的指导下，借助学习资料，能够独立学习新知识和新技能，完成工作任务
□优（8）□良（7）□中（5）□差（3）</td><td></td><td></td><td></td></tr>
<tr><td>分析解决问题的能力</td><td>在教师的指导下，独立解决工作中出现的各种问题，顺利完成工作任务
□优（7）□良（5）□中（3）□差（2）</td><td></td><td></td><td></td></tr>
<tr><td>获取信息能力</td><td>通过教材、网络、期刊、专业书籍、技术手册等获取信息，并且整理资料，获取所需知识
□优（5）□良（3）□中（2）□差（1）</td><td></td><td></td><td></td></tr>
<tr><td>整体工作能力</td><td>根据工作任务，制定、实施工作计划和方案；任务完成情况汇报
□优（5）□良（3）□中（2）□差（1）</td><td></td><td></td><td></td></tr>
<tr><td rowspan="3">社会能力（20%）</td><td>团队协作和沟通能力</td><td>工作过程中，团队成员之间相互沟通、交流、协作、互帮互学，具备良好的群体意识
□优（5）□良（3）□中（2）□差（1）</td><td></td><td></td><td></td></tr>
<tr><td>工作任务的组织管理能力</td><td>具有批评、自我管理和工作任务的组织管理能力
□优（5）□良（3）□中（2）□差（1）</td><td></td><td></td><td></td></tr>
<tr><td>工作责任心与职业道德</td><td>具有良好的工作责任心、社会责任心、团队责任心（学习、纪律、出勤、卫生）、职业道德和吃苦能力
□优（10）□良（8）□中（6）□差（4）</td><td></td><td></td><td></td></tr>
<tr><td colspan="3">总　　分</td><td></td><td></td><td></td></tr>
</table>

子学习情境 3.3　FESTO 压力控制系统硬件

工作任务单

<table>
<tr><td>情　　境</td><td colspan="6">学习情境 3　压力控制</td></tr>
<tr><td rowspan="3">任务概况</td><td rowspan="2">任务名称</td><td rowspan="2">子学习情境 3.3　FESTO 压力控制系统硬件</td><td>日期</td><td>班级</td><td>学习小组</td><td>负责人</td></tr>
<tr><td></td><td></td><td></td><td></td></tr>
<tr><td>组员</td><td colspan="5"></td></tr>
<tr><td>任务载体和资讯</td><td colspan="2"></td><td colspan="4">载体：FESTO 过程控制系统及说明书。
资讯：
1．压力系统的硬件分析：①压力检测元件（压力表、陶瓷压力传感器、陶瓷压力传感器的电气连接）；②过滤器控制阀；③压力控制系统管路连接。
2．基于仿真盒的压力控制调试（重点）：①泵的扬程与电机输入电压关系实验；②手动压力控制实验。</td></tr>
<tr><td>任务目标</td><td colspan="6">1．掌握阅读产品说明书的方法。
2．掌握压力控制的管路连接关系。
3．掌握压力控制系统各硬件的性能。
4．掌握压力控制系统各组件的电气连接关系。
5．掌握仿真盒的操作方法，会使用仿真盒对系统压力进行操控。
6．培养学生的组织协调能力、语言表达能力，达成职业素质目标。</td></tr>
<tr><td>任务要求</td><td colspan="6">1．要认真识读 FESTO 过程控制系统的操作安全章程和事故处理方法。
2．认真观察 FESTO 过程控制系统的各组件。
3．认真阅读 FESTO 过程控制系统的说明书。
4．设计压力控制的管路连接方式。
5．通过万用表测量和分析电路图，明确压力系统各组件的电气连接关系。
6．利用仿真盒对系统的压力参数实施控制，并分析数据。</td></tr>
</table>

工作计划和决策表（由学生填写）

<table>
<tr><td>情　　境</td><td colspan="8">学习情境 3　压力控制</td></tr>
<tr><td rowspan="2">任务概况</td><td>任务名称</td><td colspan="4">子学习情境 3.3　FESTO 压力控制系统硬件</td><td>日期</td><td colspan="2"></td></tr>
<tr><td>班级</td><td></td><td>小组名称</td><td></td><td>小组人数</td><td></td><td>负责人</td><td></td></tr>
</table>

<table>
<tr><td>工作任务的方案</td><td colspan="8"></td></tr>
<tr><td colspan="7">重点工作目标事项</td><td colspan="2">关键配合需求</td></tr>
<tr><td>序号</td><td>责任人</td><td>工作内容概述</td><td>目标权重</td><td>开始时间</td><td>完成时间</td><td>完成目标验收要求</td><td>配合部门</td><td>配合内容</td></tr>
<tr><td>1</td><td></td><td></td><td></td><td></td><td></td><td></td><td></td><td></td></tr>
<tr><td>2</td><td></td><td></td><td></td><td></td><td></td><td></td><td></td><td></td></tr>
<tr><td>3</td><td></td><td></td><td></td><td></td><td></td><td></td><td></td><td></td></tr>
<tr><td>4</td><td></td><td></td><td></td><td></td><td></td><td></td><td></td><td></td></tr>
<tr><td>5</td><td></td><td></td><td></td><td></td><td></td><td></td><td></td><td></td></tr>
<tr><td>6</td><td></td><td></td><td></td><td></td><td></td><td></td><td></td><td></td></tr>
<tr><td>7</td><td></td><td></td><td></td><td></td><td></td><td></td><td></td><td></td></tr>
<tr><td>8</td><td></td><td></td><td></td><td></td><td></td><td></td><td></td><td></td></tr>
<tr><td>9</td><td></td><td></td><td></td><td></td><td></td><td></td><td></td><td></td></tr>
<tr><td>10</td><td></td><td></td><td></td><td></td><td></td><td></td><td></td><td></td></tr>
<tr><td>11</td><td></td><td></td><td></td><td></td><td></td><td></td><td></td><td></td></tr>
<tr><td>12</td><td></td><td></td><td></td><td></td><td></td><td></td><td></td><td></td></tr>
</table>

任务实施表（由学生填写）

<table>
<tr><td>情　　境</td><td colspan="8">学习情境 3　压力控制</td></tr>
<tr><td>学 习 任 务</td><td colspan="6">子学习情境 3.3　FESTO 压力控制系统硬件</td><td>完成时间</td><td></td></tr>
<tr><td>任务完成人</td><td>班级</td><td></td><td>学习小组</td><td></td><td>负责人</td><td></td><td>责任人</td><td></td></tr>
<tr><td colspan="9">说明下列设备符号及仪表位号的含义</td></tr>
<tr><td>符号或位号</td><td colspan="2">PIC
B103</td><td colspan="2"></td><td colspan="2">VSSL
103</td><td colspan="2">V107</td></tr>
</table>

<table>
<tr><td>各符号或位号的含义</td><td></td><td></td><td></td><td></td></tr>
<tr><td>各设备的作用</td><td></td><td></td><td></td><td></td></tr>
<tr><td colspan="5">绘制压力控制系统的管路连接图</td></tr>
<tr><td colspan="2">对压力控制系统的管路连接图进行简要说明。</td><td colspan="3"></td></tr>
<tr><td colspan="5">用万用表测量端子板 XMA1 及 X2 上端子电位，在下图中标出压力传感器的连接端子。</td></tr>
<tr><td colspan="5"> 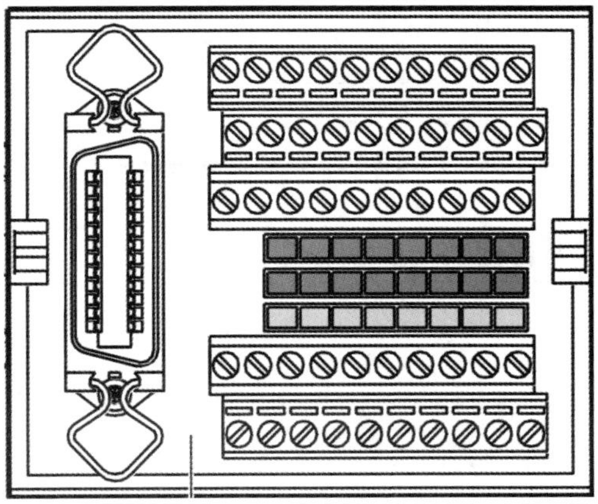 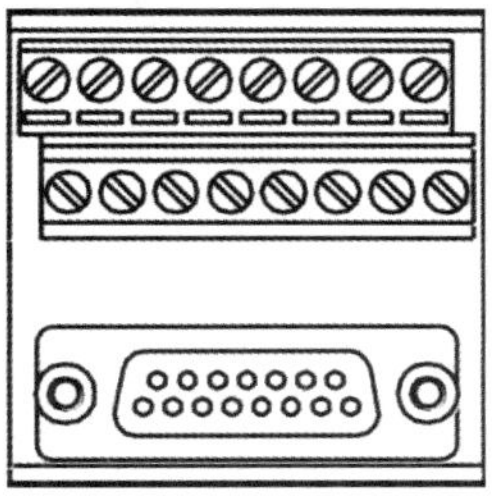</td></tr>
<tr><td colspan="5">画出压力传感器与端子板 XMA1 和 X2 的电路连接关系。</td></tr>
</table>

对电路图作简要说明。

泵的扬程与电机电压关系的数据分析

扬程/m																
电压/V																
扬程/m																
电压/V																

泵的扬程与电机电压关系的数据图像

泵的扬程与电机电压关系数据的文字说明

手动压力控制实验中压力随时间变化的数据分析

时间/s	0	2	4	6	8	10	12	14	16	18	20	22	24	26	28	30
压力/bar																
时间/s	32	34	36	38	40	42	44	46	48	50	52	54	56	58	60	
压力/bar																

手动压力控制实验中压力随时间变化的关系曲线

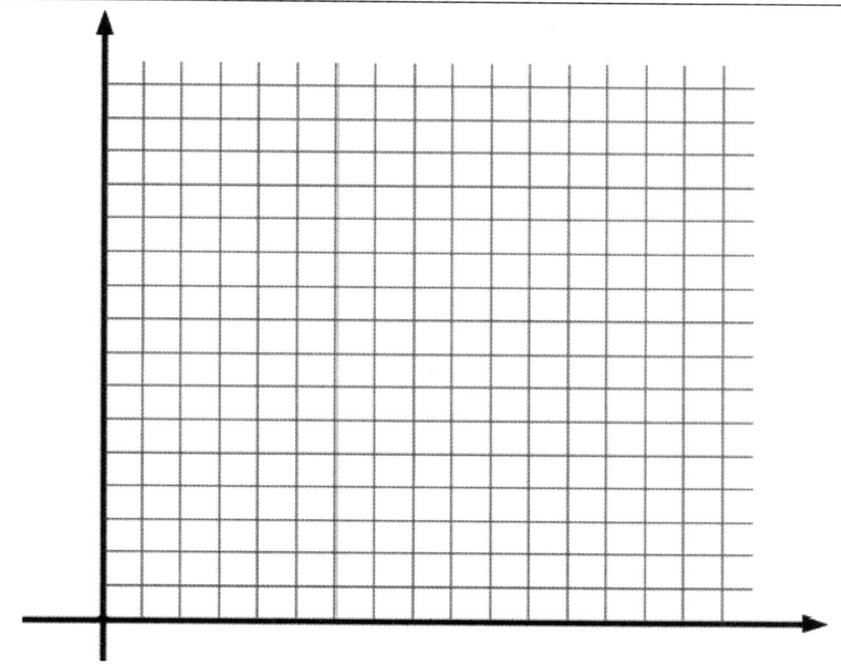

设定值	稳态值	超调量	余差	衰减比	调节时间	振荡周期	峰值时间

控制效果的评价

问题回答

1．“泵扬程”与“电机电压”的关系是什么？

2．怎样做才能提高控制效率和精度？

任务检查表（由教师填写）

<table>
<tr><td>情　　境</td><td colspan="8">学习情境3　压力控制</td></tr>
<tr><td>学 习 任 务</td><td colspan="6">子学习情境3.3　FESTO压力控制系统硬件</td><td>完成时间</td><td></td></tr>
<tr><td>任务完成人</td><td>班级</td><td></td><td>学习小组</td><td></td><td>负责人</td><td></td><td>责任人</td><td></td></tr>
<tr><td>管路连接设计情况</td><td colspan="8"></td></tr>
<tr><td>电路分析情况</td><td colspan="8"></td></tr>
<tr><td>实践技能情况</td><td colspan="8"></td></tr>
<tr><td>内容的合理性，是否有遗漏知识点</td><td colspan="8"></td></tr>
<tr><td>需要补缺的知识和技能</td><td colspan="8"></td></tr>
</table>

过程考核评价表（由教师填写）

<table>
<tr><td>情　　境</td><td colspan="5">学习情境3　压力控制</td></tr>
<tr><td>学 习 任 务</td><td colspan="2">子学习情境3.3　FESTO压力控制系统硬件</td><td>完成时间</td><td colspan="2"></td></tr>
<tr><td>任务完成人</td><td colspan="5">班级　　　学习小组　　　负责人　　　责任人</td></tr>
<tr><td rowspan="2">评价项目</td><td rowspan="2">评价内容</td><td rowspan="2">评 价 标 准</td><td colspan="3">得分</td></tr>
<tr><td>自评</td><td>互评（组内互评，取平均分）</td><td>教师评价</td></tr>
<tr><td rowspan="3">专业能力（55%）</td><td>知识的理解和掌握能力</td><td>对知识的理解、掌握及接受新知识的能力
□优（12）□良（9）□中（6）□差（4）</td><td></td><td></td><td></td></tr>
<tr><td>知识的综合应用能力</td><td>根据工作任务，应用相关知识分析解决问题
□优（13）□良（10）□中（7）□差（5）</td><td></td><td></td><td></td></tr>
<tr><td>方案制定与实施能力</td><td>在教师的指导下，能够制定工作计划和方案并能够优化和实施，完成工作任务单、工作计划和决策表、任务实施表的填写
□优（15）□良（12）□中（9）□差（7）</td><td></td><td></td><td></td></tr>
</table>

	实践动手操作能力	根据任务要求完成任务载体 □优（15）□良（12）□中（9）□差（7）			
方法能力（25%）	独立学习能力	在教师的指导下，借助学习资料，能够独立学习新知识和新技能，完成工作任务 □优（8）□良（7）□中（5）□差（3）			
	分析解决问题的能力	在教师的指导下，独立解决工作中出现的各种问题，顺利完成工作任务 □优（7）□良（5）□中（3）□差（2）			
	获取信息能力	通过教材、网络、期刊、专业书籍、技术手册等获取信息，并且整理资料，获取所需知识 □优（5）□良（3）□中（2）□差（1）			
	整体工作能力	根据工作任务，制定、实施工作计划和方案；任务完成情况汇报 □优（5）□良（3）□中（2）□差（1）			
社会能力（20%）	团队协作和沟通能力	工作过程中，团队成员之间相互沟通、交流、协作、互帮互学，具备良好的群体意识 □优（5）□良（3）□中（2）□差（1）			
	工作任务的组织管理能力	具有批评、自我管理和工作任务的组织管理能力 □优（5）□良（3）□中（2）□差（1）			
	工作责任心与职业道德	具有良好的工作责任心、社会责任心、团队责任心（学习、纪律、出勤、卫生）、职业道德和吃苦能力 □优（10）□良（8）□中（6）□差（4）			
总　分					

子学习情境 3.4　压力的比例控制

工作任务单

<table>
<tr><td>情　境</td><td colspan="6">学习情境 3　压力控制</td></tr>
<tr><td rowspan="3">任务概况</td><td rowspan="2">任务名称</td><td rowspan="2">子学习情境 3.4　压力的比例控制</td><td>日期</td><td>班级</td><td>学习小组</td><td>负责人</td></tr>
<tr><td></td><td></td><td></td><td></td></tr>
<tr><td>组员</td><td colspan="5"></td></tr>
<tr><td>任务载体和资讯</td><td colspan="2"></td><td colspan="4">载体：FESTO 过程控制系统及说明书。
资讯：
1．比例控制规律（重点）：①比例控制规律；②比例度；③比例控制规律对过渡过程的影响；④比例增益的选取。
2．基于 Fluid Lab 软件的压力比例控制：①EasyPort 接口的接线；②基于泵的压力比例控制；③有扰动时的压力闭环控制。</td></tr>
</table>

<table>
<tr><td>任务目标</td><td>1．掌握阅读产品说明书的方法。
2．掌握压力控制的管路连接关系。
3．掌握压力控制系统各组件及 EasyPort 的电气连接关系。
4．掌握 Fluid Lab 软件的操作方法，会使用 Fluid Lab 软件对系统压力进行操控。
5．掌握双位闭环控制规律。
6．培养学生的组织协调能力、语言表达能力，达成职业素质目标。</td></tr>
<tr><td>任务要求</td><td>1．要认真识读 FESTO 过程控制系统的操作安全章程和事故处理方法。
2．认真观察 FESTO 过程控制系统的各组件。
3．认真阅读 FESTO 过程控制系统的说明书。
4．设计压力控制的管路连接方式。
5．要明确 EasyPort 接口以及 FESTO Fluid Lab 软件的使用方法。
6．利用 EasyPort 接口以及 FESTO Fluid Lab 软件对系统的压力参数实施控制，并分析数据。</td></tr>
</table>

工作计划和决策表（由学生填写）

<table>
<tr><td>情　　境</td><td colspan="8">学习情境 3　压力控制</td></tr>
<tr><td rowspan="2">任务概况</td><td colspan="2">任务名称</td><td colspan="4">子学习情境 3.4　压力的比例控制</td><td>日期</td><td></td></tr>
<tr><td>班级</td><td></td><td>小组名称</td><td></td><td>小组人数</td><td></td><td>负责人</td><td></td></tr>
<tr><td>工作任务的方案</td><td colspan="8"></td></tr>
</table>

重点工作目标事项							关键配合需求	
序号	责任人	工作内容概述	目标权重	开始时间	完成时间	完成目标验收要求	配合部门	配合内容
1								
2								
3								
4								
5								
6								
7								
8								
9								

10								
11								
12								

任务实施表（由学生填写）

情　境	学习情境 3　压力控制						
学习任务	子学习情境 3.4　压力的比例控制					完成时间	
任务完成人	班级		学习小组		负责人		责任人

压力闭环的比例控制数据																
时间/s																
压力/bar																
时间/s																
压力/bar																
时间/s																
压力/bar																
时间/s																
压力/bar																

绘制闭环自动控制时压力随时间变化的关系曲线

设定值	稳态值	超调量	余差	衰减比	调节时间	振荡周期	峰值时间

控制效果的评价

问题回答

1. 说明超调量和比例值 K_p 之间的关系。

2. 说明余差和比例值 K_p 之间的关系。

3. 说明系统稳定性与比例值 K_p 之间的关系。

有扰动输入的压力双位自动控制数据

时间/s																
压力/bar																
时间/s																
压力/bar																
时间/s																
压力/bar																
时间/s																
压力/bar																

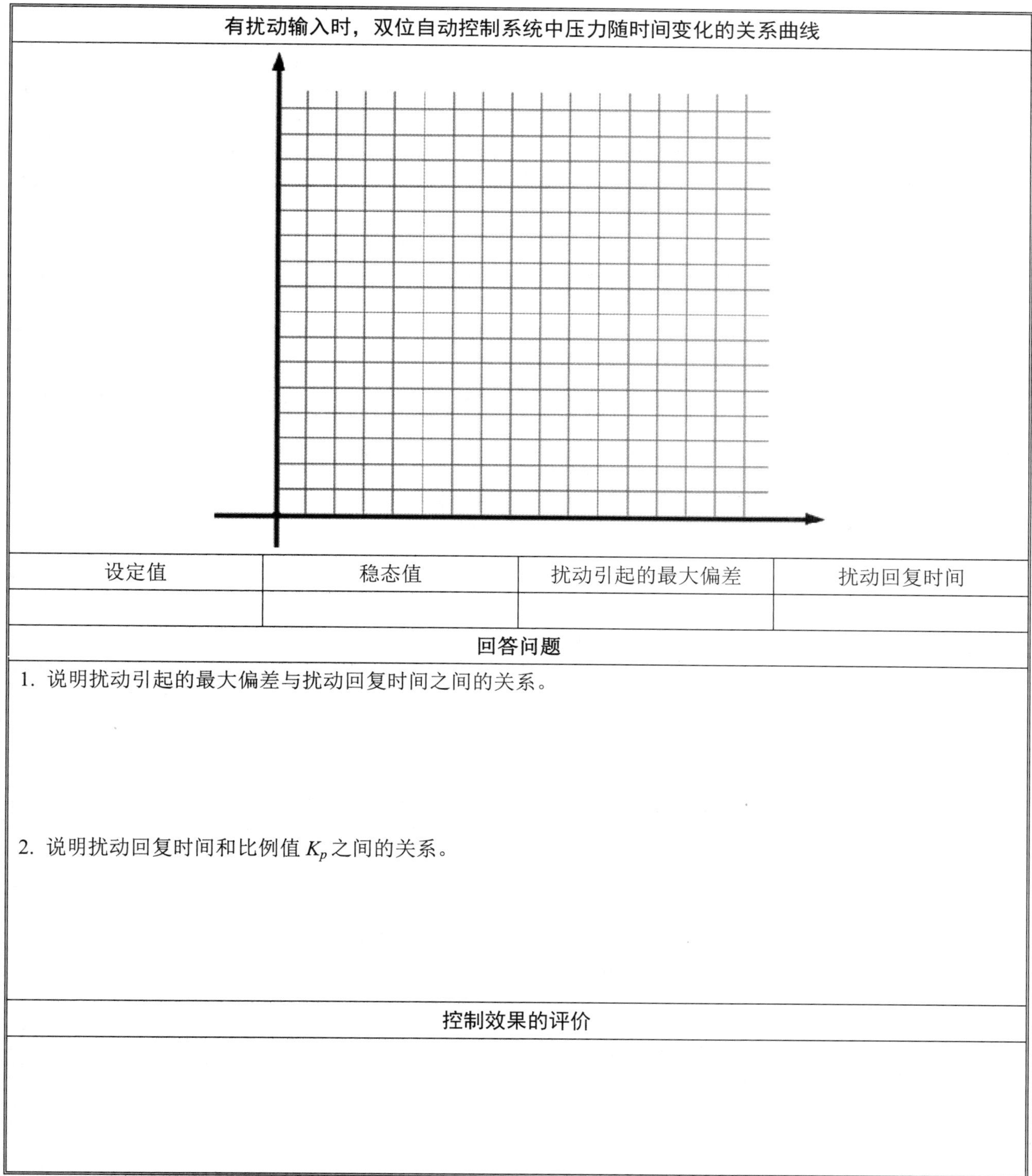

<table>
<tr><th colspan="4">有扰动输入时，双位自动控制系统中压力随时间变化的关系曲线</th></tr>
<tr><td colspan="4"></td></tr>
<tr><td>设定值</td><td>稳态值</td><td>扰动引起的最大偏差</td><td>扰动回复时间</td></tr>
<tr><td></td><td></td><td></td><td></td></tr>
<tr><th colspan="4">回答问题</th></tr>
<tr><td colspan="4">1. 说明扰动引起的最大偏差与扰动回复时间之间的关系。

2. 说明扰动回复时间和比例值 K_p 之间的关系。</td></tr>
<tr><th colspan="4">控制效果的评价</th></tr>
<tr><td colspan="4"></td></tr>
</table>

测试练习

<table>
<tr><td rowspan="2">任务概况</td><td colspan="6">子学习情境 3.4　压力的比例控制</td></tr>
<tr><td>班级</td><td></td><td>姓名</td><td></td><td>得分</td><td></td></tr>
<tr><td>填空题
（每空 2 分，共计 40 分）</td><td colspan="6">1．控制规律就是指控制器输出的__________随输入__________变化的规律。基本控制规律有__________控制、__________控制、__________控制和__________控制等，或者是它们的组合。
2．双位控制是指控制器只有两个输出值：__________和__________。对应的控制阀只有两个</td></tr>
</table>

<table>
<tr><td></td><td>工作位置：________和________。
3．比例控制是控制器输出的变化量与被控变量的偏差成__________的控制规律。
4．偏差一定时，比例放大倍数越大，控制器输出值的变化量就越__________，说明比例作用就越__________。因此，比例放大倍数用来衡量控制作用的强弱。
5．工业仪表中，习惯用比例度来描述比例控制作用的强弱。控制器的比例度越小，比例放大倍数越__________，比例控制作用就越__________。效果是超调量__________，振荡周期__________，余差和衰减比减少。
6．比例控制规律的特点是会永远存在__________，控制精度不高。
7．比例增益的选取与对象的特性有关。如果对象是较稳定的，即在广义对象的放大系数较小、时间常数较大、时滞较小的情况下，比例增益可以取得__________一些，以提高系统的灵敏度；反之，如果对象的纯滞后较大、时间常数较小以及放大系数较大，__________就应该取得__________一些，否则达不到稳定的要求。</td></tr>
<tr><td>选择题
（每题2分，共计10分）</td><td>1．调节系统在纯比例作用下已整定好，加入积分作用后，为保证原稳定度，此时应将比例度（　）。
A．增大　B．减小　C．不变　D．先增大后减小
2．比例控制器中，随着比例度的增大，系统描述不正确的是（　）。
A．被控量的变化平缓，甚至可以没有超调
B．静态偏差很大
C．控制时间很长
D．调节结束被调量与给定值相等
3．在一单元组合仪表中，比例度与放大倍数的关系是（　）。
A．正比　B．二倍　C．互为倒数　D．1/2倍数
4．比例控制中，如果系统出现了等幅振荡，那么，应该（　）比例度。
A．调大　B．调小　C．保持不变　D．先调小再调大
5．一个好的控制系统希望最大偏差小、余差小，所以要求比例度（　）一些，同时希望过渡过程平稳，所以要求比例度（　）一些，因此要根据对象特性综合考虑。
A．大、大　B．小、小　C．大、小　D．小、大</td></tr>
<tr><td>判断题
（每题2分，共计10分）</td><td>1．被控对象的纯滞后时间常数是由于其自身的惯性特性引起的。（　）
2．比例控制器中，随着比例度的增大，系统的静态偏差将加大。（　）
3．比例控制器中，随着比例度的增大，系统的振荡将减弱，稳定性得到提高。（　）
4．比例控制器动作速度快，是有差调节。（　）
5．比例调节过程的余差与调节器的比例度成正比。（　）</td></tr>
<tr><td>问答题
（共计40分）</td><td>1．简要描述双位控制规律。（10分）

2．说明比例控制规律的含义。（10分）</td></tr>
</table>

	3．比例度对过渡过程有何影响？如何选择比例度？（20 分）

任务检查表（由教师填写）

情　　境	学习情境 3　压力控制							
学 习 任 务	子学习情境 3.4　压力的比例控制					完成时间		
任务完成人	班级		学习小组		负责人		责任人	
设备连接情况								
软件掌握情况								
实践技能情况								
内容的合理性，是否有遗漏知识点								
需要补缺的知识和技能								

过程考核评价表（由教师填写）

情　　境	学习情境 3　压力控制							
学 习 任 务	子学习情境 3.4　压力的比例控制				完成时间			
任务完成人	班级		学习小组		负责人		责任人	
评价项目	评价内容	评 价 标 准			得分			
					自评	互评（组内互评，取平均分）	教师评价	
专业能力（55%）	知识的理解和掌握能力	对知识的理解、掌握及接受新知识的能力 □优（12）□良（9）□中（6）□差（4）						
	知识的综合应用能力	根据工作任务，应用相关知识分析解决问题 □优（13）□良（10）□中（7）□差（5）						

	方案制定与实施能力	在教师的指导下，能够制定工作计划和方案并能够优化和实施，完成工作任务单、工作计划和决策表、任务实施表的填写 □优（15）□良（12）□中（9）□差（7）			
	实践动手操作能力	根据任务要求完成任务载体 □优（15）□良（12）□中（9）□差（7）			
方法能力（25%）	独立学习能力	在教师的指导下，借助学习资料，能够独立学习新知识和新技能，完成工作任务 □优（8）□良（7）□中（5）□差（3）			
	分析解决问题的能力	在教师的指导下，独立解决工作中出现的各种问题，顺利完成工作任务 □优（7）□良（5）□中（3）□差（2）			
	获取信息能力	通过教材、网络、期刊、专业书籍、技术手册等获取信息，并且整理资料，获取所需知识 □优（5）□良（3）□中（2）□差（1）			
	整体工作能力	根据工作任务，制定、实施工作计划和方案；任务完成情况汇报 □优（5）□良（3）□中（2）□差（1）			
社会能力（20%）	团队协作和沟通能力	工作过程中，团队成员之间相互沟通、交流、协作、互帮互学，具备良好的群体意识 □优（5）□良（3）□中（2）□差（1）			
	工作任务的组织管理能力	具有批评、自我管理和工作任务的组织管理能力 □优（5）□良（3）□中（2）□差（1）			
	工作责任心与职业道德	具有良好的工作责任心、社会责任心、团队责任心（学习、纪律、出勤、卫生）、职业道德和吃苦能力 □优（10）□良（8）□中（6）□差（4）			
总　分					

学习情境 4　流量控制

学习目标

知识目标： 掌握流量检测仪表原理、安装及使用，掌握 FESTO 流量控制系统硬件及 FESTO 仿真盒的使用，掌握 EasyPort 接口及 FESTO Fluid Lab 软件的使用。

能力目标： 培养学生利用网络资源进行资料收集的能力；培养学生获取、筛选信息和制定工作计划、方案及实施、检查和评价的能力；培养学生独立分析、解决问题的能力；培养学生的团队合作、交流、组织协调的能力和责任心。

素质目标： 养成严谨细致、一丝不苟的工作作风，养成严格按照仪表工职业操守进行工作的习惯；培养学生的自信心、竞争意识和效率意识；培养学生的爱岗敬业、诚实守信、服务群众、奉献社会等职业道德。

子学习情境 4.1　流量检测仪表

情境导入

工作任务单

<table>
<tr><td>情　　境</td><td colspan="6">学习情境 4　流量控制</td></tr>
<tr><td rowspan="3">任务概况</td><td rowspan="2">任务名称</td><td rowspan="2">子学习情境 4.1　流量检测仪表</td><td>日期</td><td>班级</td><td>学习小组</td><td>负责人</td></tr>
<tr><td></td><td></td><td></td><td></td></tr>
<tr><td>组员</td><td colspan="5"></td></tr>
<tr><td>任务载体和资讯</td><td colspan="2"></td><td colspan="4">载体：流量检测仪表说明书。
资讯：
1．差压式流量计的测量原理、标准节流装置及非标准节流装置（重点）。
2．转子流量计测量原理、种类及结构。
3：其他流量计：①涡轮流量计；②弯管流量计；③超声波流量计；④冲板式流量计；⑤电磁流量计。</td></tr>
<tr><td>任务目标</td><td colspan="6">1．掌握阅读产品说明书的方法。
2．掌握一般流量检测仪表的安装及接线方法。
3．培养学生的组织协调能力、语言表达能力，达到应有的职业素质目标。</td></tr>
<tr><td>任务要求</td><td colspan="6">前期准备：小组分工合作，通过网络收集流量检测仪表说明书资料。
识读内容要求：①仪表原理；②仪表量程和精度；③仪表的电气连接方法及主要电气参数；④仪表的参数设置方法；⑤仪表的尺寸及安装方法。
任务成果：一份完整的报告。</td></tr>
</table>

工作计划和决策表（由学生填写）

情　境	学习情境4　流量控制						
任务概况	任务名称	子学习情境4.1　流量检测仪表				日期	
	班级		小组名称		小组人数	负责人	
工作任务的方案							

重点工作目标事项							关键配合需求	
序号	责任人	工作内容概述	目标权重	开始时间	完成时间	完成目标验收要求	配合部门	配合内容
1								
2								
3								
4								
5								
6								
7								
8								
9								
10								
11								
12								

任务实施表（由学生填写）

情　　境	学习情境 4　流量控制						
学 习 任 务	子学习情境 4.1　流量检测仪表					完成时间	
任务完成人	班级		学习小组		负责人		责任人	
PPT 汇报的纲要							

测试练习

任务概况	子学习情境 4.1　流量检测仪表					
	班级		姓名		得分	
填空题 （每空 2 分，共计 70 分）	1．流量是指单位时间内流过管道或特定通道横截面的__________，称为瞬时（平均）流量。通常情况下测定的流量大多是体积流量，是流体平均__________与流经管道__________乘积。生产上往往要求测量质量流量，由体积流量乘以流体的__________而得。瞬时流量是对时间的积累，即在某一段时间内流过管道截面的流体的总和称为__________流量。 2．流量检测的方法和仪表种类多，可将流量计分为__________流量计和__________流量计。 3．流体流经节流件时，流束收缩引起压头转换而在节流件前后产生静压力差，该压差与流过的流量之间存在一定的关系，这种通过测量压差而求出流量的流量计称为__________流量计。常用标准节流装置有__________、__________及__________等。 4．在节流件上下游取压孔的位置不同，所取得的差压不同。取压方式一般分为__________取压、__________取压、__________取压和管接取压四种。 5．转子流量计是基于__________测量的一种变面积流量仪表，通过测量设在直流管道内的转动部件的__________来推算流量的装置，属于__________降流量计。 6．转子流量计有__________和__________两种。锥形管用玻璃制成，流量标尺刻度在管壁上，可就地读数，这种玻璃转子流量计属于__________。锥形管用不锈钢制造，将浮子的位移转换成标准电流信号（4～20mA DC）或气压信号（0.02～0.1MPa）传递至仪表室显示记录，这种金属管转子流量计为__________。 7．根据电磁感应原理制成的__________流量计，能够测量有一定电导率的各种流体的流量。 8．电磁流量计由__________和__________组成。 9．电磁流量传感器的输出信号比较微弱，一般满量程只有__________，流量很小时只有__________，故易受外界磁场干扰。 10．应用容积法测量流体流量的仪表称为__________流量计。它有一个已标定容积的__________，容积是在仪表壳体与旋转体之间形成的。当流体经过仪表时，利用仪表入口和出						

	口之间产生的压力差，推动__________转动，将流体从__________中一份一份地推送出去。 11．容积式流量计的种类较多，按旋转体的结构不同分为__________式、__________式、__________式、刮板式和皮囊式流量计等。 12．涡轮式流量计是一种__________式流量计。涡轮流量变送器应__________安装。
判断题 （每题2分，共计20分）	1．当流体流动时，流线之间没有质点交换，迹线有条不紊，层次分明的流动工况称紊流流型。（ ） 2．对转子流量计的上游侧的支管要求不严。（ ） 3．对转子流量计的锥管必须垂直安装，不可倾斜。（ ） 4．压力是垂直均匀地作用在单位面积上的力，它的法定计量单位是牛顿。（ ） 5．由于被测流体可能混有杂物，所以为了保护流量计，必须加装过滤器。（ ） 6．电磁流量计是不能测量气体介质流量的。（ ） 7．电磁流量计不能用来测量蒸汽流量。（ ） 8．涡轮流量计是一种速度式流量计。（ ） 9．吹气式液位计一般只能检测密闭设备液位。（ ） 10．流量与差压成正比。（ ）
问答题 （每题10分，共20分）	1．简述差压流量计安装注意事项。 2．举例说明常见的速度式流量计和容积式流量计。

任务检查表（由教师填写）

情　　境	学习情境4　流量控制						
学 习 任 务	子学习情境4.1　流量检测仪表					完成时间	
任务完成人	班级		学习小组		负责人		责任人
内容是否切题，是否有遗漏知识点							
掌握知识和技能的情况							

PPT 设计合理性及美观度	
汇报的语态及体态	
需要补缺的知识和技能	

过程考核评价表（由教师填写）

情　　境	学习情境 4　流量控制							
学习任务	子学习情境 4.1　流量检测仪表					完成时间		
任务完成人	班级		学习小组		负责人		责任人	
评价项目	评价内容	评价标准	得分					
			自评	互评（组内互评，取平均分）	教师评价			
专业能力（55%）	知识的理解和掌握能力	对知识的理解、掌握及接受新知识的能力 □优（27）□良（22）□中（16）□差（10）						
	知识的综合应用能力	根据工作任务，应用相关知识分析解决问题 □优（13）□良（10）□中（7）□差（5）						
	方案制定与实施能力	在教师的指导下，能够制定工作计划和方案并能够优化和实施，完成工作任务单、工作计划和决策表、任务实施表的填写 □优（15）□良（12）□中（9）□差（7）						
方法能力（25%）	独立学习能力	在教师的指导下，借助学习资料，能够独立学习新知识和新技能，完成工作任务 □优（8）□良（7）□中（5）□差（3）						
	分析解决问题的能力	在教师的指导下，独立解决工作中出现的各种问题，顺利完成工作任务 □优（7）□良（5）□中（3）□差（2）						
	获取信息能力	通过教材、网络、期刊、专业书籍、技术手册等获取信息，并且整理资料，获取所需知识 □优（5）□良（3）□中（2）□差（1）						
	整体工作能力	根据工作任务，制定、实施工作计划和方案；任务完成情况汇报 □优（5）□良（3）□中（2）□差（1）						
社会能力（20%）	团队协作和沟通能力	工作过程中，团队成员之间相互沟通、交流、协作、互帮互学，具备良好的群体意识 □优（5）□良（3）□中（2）□差（1）						
	工作任务的组织管理能力	具有批评、自我管理和工作任务的组织管理能力 □优（5）□良（3）□中（2）□差（1）						
	工作责任心与职业道德	具有良好的工作责任心、社会责任心、团队责任心（学习、纪律、出勤、卫生）、职业道德和吃苦能力 □优（10）□良（8）□中（6）□差（4）						
总　　分								

子学习情境 4.2　泵与风机

工作任务单

<table>
<tr><td>情　　境</td><td colspan="6">学习情境 4　流量控制</td></tr>
<tr><td rowspan="3">任务概况</td><td rowspan="2">任务名称</td><td rowspan="2">子学习情境 4.2　泵与风机</td><td>日期</td><td>班级</td><td>学习小组</td><td>负责人</td></tr>
<tr><td></td><td></td><td></td><td></td></tr>
<tr><td>组员</td><td colspan="5"></td></tr>
<tr><td>任务载体
和资讯</td><td colspan="2">卧式　　立式</td><td colspan="4">载体：泵与风机说明书。
资讯：
1．泵与风机的概念、组成、原理及分类。
2．叶片式泵与风机在管路上的工作情况。</td></tr>
<tr><td>任务目标</td><td colspan="6">1．掌握阅读产品说明书的方法。
2．掌握分析和调节叶片式泵与风机的方法。
3．培养学生的组织协调能力、语言表达能力，达到应有的职业素质目标。</td></tr>
<tr><td>任务要求</td><td colspan="6">前期准备：小组分工合作，通过网络收集泵与风机说明书资料。
识读内容要求：①仪表原理；②仪表的量程和精度；③仪表的电气连接方法及主要电气参数；④仪表的参数设置方法；⑤仪表的尺寸及安装方法。
任务成果：一份完整的报告。</td></tr>
</table>

工作计划和决策表（由学生填写）

<table>
<tr><td>情　　境</td><td colspan="8">学习情境 4　流量控制</td></tr>
<tr><td rowspan="2">任务概况</td><td>任务名称</td><td colspan="5">子学习情境 4.2　泵与风机</td><td>日期</td><td></td></tr>
<tr><td>班级</td><td></td><td>小组名称</td><td></td><td>小组人数</td><td></td><td>负责人</td><td></td></tr>
<tr><td>工作任务的
方案</td><td colspan="8"></td></tr>
</table>

重点工作目标事项							关键配合需求	
序号	责任人	工作内容概述	目标权重	开始时间	完成时间	完成目标验收要求	配合部门	配合内容
1								
2								
3								
4								
5								
6								
7								
8								
9								
10								
11								
12								

任务实施

任务实施表（由学生填写）

情　　境	学习情境 4　流量控制						
学 习 任 务	子学习情境 4.2　泵与风机					完成时间	
任务完成人	班级		学习小组		负责人		责任人
PPT 汇报的纲要							

测试练习

任务概况	子学习情境 4.2　泵与风机					
	班级		姓名		得分	
填空题 （每空 2 分，共计 70 分）	1．泵与风机都是将原动机的机械能转化为被输送流体能量的动力设备，输送液体的动力设备称为__________，输送气体的动力设备称为__________。 2．按工作原理，泵可分为__________和__________式。泵与风机按轴与基准的相对位置分为__________式和__________式。水泵按用途分为__________、__________和__________。					

	3．出流方向沿径向的泵与风机是______式，出流方向沿轴向的泵与风机是______式，出流方向沿斜向的泵与风机是______式。 4．离心泵包括______、______、______和扩散管。 5．离心泵是依靠安装于泵轴上叶轮的高速旋转，使液体在叶轮中流动时受到______的作用而获得能量的。 6．卧式单级单吸泵，根据其构造特点的不同，又可分为______式和______式两种。 7．离心式风机的主要工作零件有______、______、______、______、集流器和进气箱等。 8．轴流泵的外形很像一根______。根据安装方式不同，轴流泵通常分为______、______和______三种。 9．容积式泵与风机是指通过______周期性变化而实现输送流体的泵与风机。根据其机械运动方式的不同还可分为______、______和______三种。 10．泵与风机在单位时间内所输送的流体量，通常用______流量表示。对于非常温水或其他液体也可以用______流量来表示。 11．不计算压头损失时，泵的扬程指的是泵对流体的______，它反映了单位重量流量的流体从泵的进口至出口的______增值。风机的压头（全压）指的是风机的静压增值加上风机动压增值，它反映了______气体通过风机所获得的能量增量。
判断题 （每题2分，共计12分）	1．离心泵开泵之前，可以不必打开出入管道阀，将泵体内充满流体。（　） 2．多级分段离心泵较单级单吸泵扬程大。（　） 3．轴流式泵与风机的叶轮形状与离心式泵与风机都是扁平的圆盘状。（　） 4．泵的扬程及风机的全压反映了泵与风机的出力大小。（　） 5．离心泵的出口流量 Q 和扬程 H 之间呈反比。（　） 6．离心泵启动时，出口阀门可全开。（　）
问答题 （共计18分）	1．什么是泵与风机？简述其常用工作领域。（8分） 2．简述叶片式泵与风机的分类和工作原理。（10分）

任务检查表（由教师填写）

<table>
<tr><td>情　　境</td><td colspan="8">学习情境4　流量控制</td></tr>
<tr><td>学习任务</td><td colspan="6">子学习情境4.2　泵与风机</td><td>完成时间</td><td></td></tr>
<tr><td>任务完成人</td><td>班级</td><td></td><td>学习小组</td><td></td><td>负责人</td><td></td><td>责任人</td><td></td></tr>
</table>

内容是否切题，是否有遗漏知识点	
掌握知识和技能的情况	
PPT 设计合理性及美观度	
汇报的语态及体态	
需要补缺的知识和技能	

过程考核评价表（由教师填写）

<table>
<tr><td>情　　境</td><td colspan="8">学习情境 4　流量控制</td></tr>
<tr><td>学习任务</td><td colspan="5">子学习情境 4.2　泵与风机</td><td>完成时间</td><td colspan="2"></td></tr>
<tr><td>任务完成人</td><td>班级</td><td></td><td>学习小组</td><td></td><td>负责人</td><td></td><td>责任人</td><td></td></tr>
<tr><td rowspan="2">评价项目</td><td rowspan="2">评价内容</td><td rowspan="2" colspan="4">评价标准</td><td colspan="3">得分</td></tr>
<tr><td>自评</td><td>互评（组内互评，取平均分）</td><td>教师评价</td></tr>
<tr><td rowspan="3">专业能力（55%）</td><td>知识的理解和掌握能力</td><td colspan="4">对知识的理解、掌握及接受新知识的能力
□优（27）□良（22）□中（16）□差（10）</td><td></td><td></td><td></td></tr>
<tr><td>知识的综合应用能力</td><td colspan="4">根据工作任务，应用相关知识分析解决问题
□优（13）□良（10）□中（7）□差（5）</td><td></td><td></td><td></td></tr>
<tr><td>方案制定与实施能力</td><td colspan="4">在教师的指导下，能够制定工作计划和方案并能够优化和实施，完成工作任务单、工作计划和决策表、任务实施表的填写
□优（15）□良（12）□中（9）□差（7）</td><td></td><td></td><td></td></tr>
<tr><td rowspan="4">方法能力（25%）</td><td>独立学习能力</td><td colspan="4">在教师的指导下，借助学习资料，能够独立学习新知识和新技能，完成工作任务
□优（8）□良（7）□中（5）□差（3）</td><td></td><td></td><td></td></tr>
<tr><td>分析解决问题的能力</td><td colspan="4">在教师的指导下，独立解决工作中出现的各种问题，顺利完成工作任务
□优（7）□良（5）□中（3）□差（2）</td><td></td><td></td><td></td></tr>
<tr><td>获取信息能力</td><td colspan="4">通过教材、网络、期刊、专业书籍、技术手册等获取信息，并且整理资料，获取所需知识
□优（5）□良（3）□中（2）□差（1）</td><td></td><td></td><td></td></tr>
<tr><td>整体工作能力</td><td colspan="4">根据工作任务，制定、实施工作计划和方案；任务完成情况汇报
□优（5）□良（3）□中（2）□差（1）</td><td></td><td></td><td></td></tr>
<tr><td>社会能力（20%）</td><td>团队协作和沟通能力</td><td colspan="4">工作过程中，团队成员之间相互沟通、交流、协作、互帮互学，具备良好的群体意识
□优（5）□良（3）□中（2）□差（1）</td><td></td><td></td><td></td></tr>
</table>

	工作任务的组织管理能力	具有批评、自我管理和工作任务的组织管理能力 □优（5）□良（3）□中（2）□差（1）			
	工作责任心与职业道德	具有良好的工作责任心、社会责任心、团队责任心（学习、纪律、出勤、卫生）、职业道德和吃苦能力 □优（10）□良（8）□中（6）□差（4）			
总　分					

子学习情境 4.3　FESTO 流量控制系统

工作任务单

<table>
<tr><td>情　境</td><td colspan="6">学习情境 4　流量控制</td></tr>
<tr><td rowspan="3">任务概况</td><td rowspan="2">任务名称</td><td rowspan="2">子学习情境 4.3　FESTO 流量控制系统硬件</td><td>日期</td><td>班级</td><td>学习小组</td><td>负责人</td></tr>
<tr><td></td><td></td><td></td><td></td></tr>
<tr><td>组员</td><td colspan="5"></td></tr>
<tr><td>任务载体和资讯</td><td colspan="2"></td><td colspan="4">载体：FESTO 过程控制系统及说明书。
资讯：
1. 流量系统的硬件分析：①涡轮流量计（涡轮流量计、频率/电压变送器、二者的电气连接）；②比例阀（比例阀、比例阀的外部接线、比例阀的驱动电路）；③流量控制系统管路连接。
2. 基于仿真盒的流量控制调试（重点）：①验证流量与累积流量的关系；②手动流量控制实验。</td></tr>
<tr><td>任务目标</td><td colspan="6">1. 掌握阅读产品说明书的方法。
2. 掌握流量控制的管路连接关系。
3. 掌握流量控制系统各硬件的性能。
4. 掌握流量控制系统各组件的电气连接关系。
5. 掌握仿真盒的操作方法，会使用仿真盒对系统流量进行操控。
6. 培养学生的组织协调能力、语言表达能力，达成职业素质目标。</td></tr>
<tr><td>任务要求</td><td colspan="6">1. 要认真识读 FESTO 过程控制系统的操作安全章程和事故处理方法。
2. 认真观察 FESTO 过程控制系统的各组件。
3. 认真阅读 FESTO 过程控制系统的说明书。
4. 设计流量控制的管路连接方式。
5. 通过万用表测量和分析电路图，明确流量系统各组件的电气连接关系。
6. 利用仿真盒对系统的流量参数实施控制，并分析数据。</td></tr>
</table>

制定方案

工作计划和决策表（由学生填写）

情　　境	学习情境 4　流量控制							
任务概况	任务名称	子学习情境 4.3　FESTO 流量控制系统					日期	
	班级		小组名称		小组人数		负责人	
工作任务的方案								
重点工作目标事项							关键配合需求	
序号	责任人	工作内容概述	目标权重	开始时间	完成时间	完成目标验收要求	配合部门	配合内容
1								
2								
3								
4								
5								
6								
7								
8								
9								
10								
11								
12								

任务实施

任务实施表（由学生填写）

情　　境	学习情境 4　流量控制						
学 习 任 务	子学习情境 4.3　FESTO 流量控制系统					完成时间	
任务完成人	班级		学习小组		负责人		责任人	

说明下列设备符号及仪表位号的含义		
符号或位号	各符号或位号的含义	各设备的作用
FIC B102		

绘制流量控制系统的管路连接图	
对流量控制系统的管路连接图做简要说明。	

画出流量传感器、频率/电压变送器、端子板 XMA1 和端子板 X2 的电路连接关系	
对电路图进行简要说明。	

画出比例阀的驱动电路	
对电路图进行简要说明。	

用万用表测量端子板 XMA1 及 X2 上端子电位，在下图中标出“频率/电压变送器”、K106 以及比例阀的连接端子。

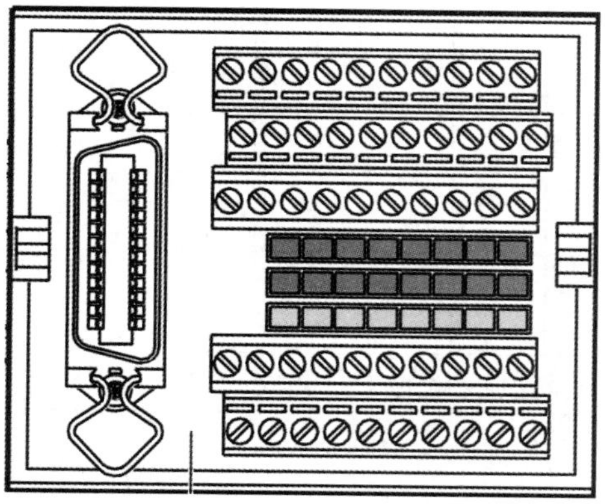

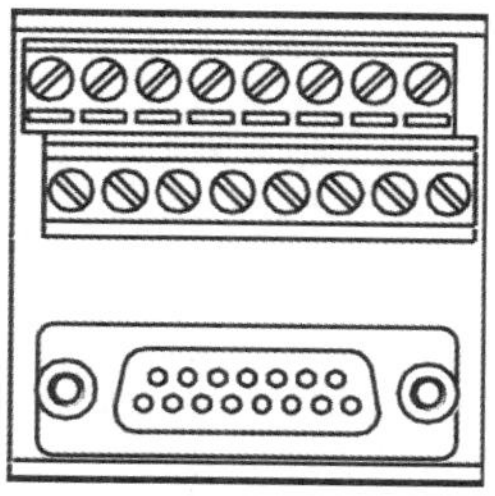

画出基于泵的流量控制系统框图

对框图进行简要说明。

验证流量与累积流量的关系

U_{In2} 数值	流量的稳定值	起始液位	起始时间	终结液位	终结时间

由累积流量计算流量值

流量与累积流量的关系的文字说明

手动流量控制实验中流量随时间变化的数据分析

时间/s																
流量/（L/min）																
时间/s																
流量/（L/min）																

手动流量控制实验中流量随时间变化的关系曲线

设定值	稳态值	超调量	余差	衰减比	调节时间	振荡周期	峰值时间

控制效果的评价

问题回答
1．流量与累积流量的关系是什么？   2．怎样做才能提高控制效率和精度？

任务检查表（由教师填写）

情　　境	学习情境 4　流量控制						
学 习 任 务	子学习情境 4.3　FESTO 流量控制系统硬件					完成时间	
任务完成人	班级		学习小组		负责人		责任人	
管路连接设计情况								
电路分析情况								
实践技能情况								
内容的合理性，是否有遗漏知识点								

需要补缺的知识和技能	

过程考核评价表（由教师填写）

情　　境	学习情境 4　流量控制							
学习任务	子学习情境 4.3　FESTO 流量控制系统硬件				完成时间			
任务完成人	班级		学习小组		负责人		责任人	
评价项目	评价内容	评 价 标 准	得分		
			自评	互评（组内互评，取平均分）	教师评价
专业能力（55%）	知识的理解和掌握能力	对知识的理解、掌握及接受新知识的能力 □优（12）□良（9）□中（6）□差（4）			
	知识的综合应用能力	根据工作任务，应用相关知识分析解决问题 □优（13）□良（10）□中（7）□差（5）			
	方案制定与实施能力	在教师的指导下，能够制定工作计划和方案并能够优化和实施，完成工作任务单、工作计划和决策表、任务实施表的填写 □优（15）□良（12）□中（9）□差（7）			
	实践动手操作能力	根据任务要求完成任务载体 □优（15）□良（12）□中（9）□差（7）			
方法能力（25%）	独立学习能力	在教师的指导下，借助学习资料，能够独立学习新知识和新技能，完成工作任务 □优（8）□良（7）□中（5）□差（3）			
	分析解决问题的能力	在教师的指导下，独立解决工作中出现的各种问题，顺利完成工作任务 □优（7）□良（5）□中（3）□差（2）			
	获取信息能力	通过教材、网络、期刊、专业书籍、技术手册等获取信息，并且整理资料，获取所需知识 □优（5）□良（3）□中（2）□差（1）			
	整体工作能力	根据工作任务，制定、实施工作计划和方案；任务完成情况汇报 □优（5）□良（3）□中（2）□差（1）			
社会能力（20%）	团队协作和沟通能力	工作过程中，团队成员之间相互沟通、交流、协作、互帮互学，具备良好的群体意识 □优（5）□良（3）□中（2）□差（1）			
	工作任务的组织管理能力	具有批评、自我管理和工作任务的组织管理能力 □优（5）□良（3）□中（2）□差（1）			
	工作责任心与职业道德	具有良好的工作责任心、社会责任心、团队责任心（学习、纪律、出勤、卫生）、职业道德和吃苦能力 □优（10）□良（8）□中（6）□差（4）			
总　　分					

子学习情境 4.4　流量的比例积分控制

工作任务单

<table>
<tr><td>情　　境</td><td colspan="6">学习情境 4　流量控制</td></tr>
<tr><td rowspan="3">任务概况</td><td rowspan="2">任务名称</td><td rowspan="2">子学习情境 4.4　流量的比例积分控制</td><td>日期</td><td>班级</td><td>学习小组</td><td>负责人</td></tr>
<tr><td></td><td></td><td></td><td></td></tr>
<tr><td>组员</td><td colspan="5"></td></tr>
<tr><td rowspan="2">任务载体和资讯</td><td colspan="2" rowspan="2"></td><td colspan="4">载体：FESTO 过程控制系统及说明书。</td></tr>
<tr><td colspan="4">资讯：
1．积分控制规律（重点）：①比例积分的含义；②积分控制规律；③比例积分调节的滞后性；④积分消除余差作用。
2．比例积分控制：①比例作用和积分作用的叠加；②积分时间常数对过渡过程的影响；③积分时间常数的选择；④试凑法确定 PI 控制器参数。
3．基于 Fluid Lab 软件的流量比例控制：①基于泵的流量比例积分控制；②基于比例阀的流量比例积分控制。</td></tr>
<tr><td>任务目标</td><td colspan="6">1．掌握阅读产品说明书的方法。
2．掌握流量控制的管路连接关系。
3．掌握流量控制系统各组件及 EasyPort 的电气连接关系。
4．掌握 Fluid Lab 软件的操作方法，会使用 Fluid Lab 软件对系统流量进行操控。
5．掌握比例积分闭环控制规律。
6．培养学生的组织协调能力、语言表达能力，达成职业素质目标。</td></tr>
<tr><td>任务要求</td><td colspan="6">1．要认真识读 FESTO 过程控制系统的操作安全章程和事故处理方法。
2．认真观察 FESTO 过程控制系统的各组件。
3．认真阅读 FESTO 过程控制系统的说明书。
4．设计流量控制的管路连接方式。
5．要明确 EasyPort 接口以及 FESTO Fluid Lab 软件的使用方法。
6．利用 EasyPort 接口以及 FESTO Fluid Lab 软件对系统的流量参数实施控制，并分析数据。</td></tr>
</table>

工作计划和决策表（由学生填写）

<table>
<tr><td>情　　境</td><td colspan="8">学习情境 4　流量控制</td></tr>
<tr><td rowspan="2">任务概况</td><td colspan="2">任务名称</td><td colspan="4">子学习情境 4.4　流量的比例积分控制</td><td>日期</td><td></td></tr>
<tr><td>班级</td><td></td><td>小组名称</td><td></td><td>小组人数</td><td></td><td>负责人</td><td></td></tr>
</table>

工作任务的方案	

<table>
<tr><td colspan="7">重点工作目标事项</td><td colspan="2">关键配合需求</td></tr>
<tr><td>序号</td><td>责任人</td><td>工作内容概述</td><td>目标权重</td><td>开始时间</td><td>完成时间</td><td>完成目标验收要求</td><td>配合部门</td><td>配合内容</td></tr>
<tr><td>1</td><td></td><td></td><td></td><td></td><td></td><td></td><td></td><td></td></tr>
<tr><td>2</td><td></td><td></td><td></td><td></td><td></td><td></td><td></td><td></td></tr>
<tr><td>3</td><td></td><td></td><td></td><td></td><td></td><td></td><td></td><td></td></tr>
<tr><td>4</td><td></td><td></td><td></td><td></td><td></td><td></td><td></td><td></td></tr>
<tr><td>5</td><td></td><td></td><td></td><td></td><td></td><td></td><td></td><td></td></tr>
<tr><td>6</td><td></td><td></td><td></td><td></td><td></td><td></td><td></td><td></td></tr>
<tr><td>7</td><td></td><td></td><td></td><td></td><td></td><td></td><td></td><td></td></tr>
<tr><td>8</td><td></td><td></td><td></td><td></td><td></td><td></td><td></td><td></td></tr>
<tr><td>9</td><td></td><td></td><td></td><td></td><td></td><td></td><td></td><td></td></tr>
<tr><td>10</td><td></td><td></td><td></td><td></td><td></td><td></td><td></td><td></td></tr>
</table>

任务实施

任务实施表（由学生填写）

<table>
<tr><td>情　　境</td><td colspan="7">学习情境 4　流量控制</td></tr>
<tr><td>学 习 任 务</td><td colspan="5">子学习情境 4.4　流量的比例积分控制</td><td>完成时间</td><td></td></tr>
<tr><td>任务完成人</td><td>班级</td><td></td><td>学习小组</td><td></td><td>负责人</td><td></td><td>责任人</td></tr>
</table>

<table>
<tr><td colspan="17">基于泵的流量比例控制中超调量与比例值 K_p 之间的关系</td></tr>
<tr><td>超调量（%）</td><td></td><td></td><td></td><td></td><td></td><td></td><td></td><td></td><td></td><td></td><td></td><td></td><td></td><td></td><td></td><td></td></tr>
<tr><td>比例值</td><td></td><td></td><td></td><td></td><td></td><td></td><td></td><td></td><td></td><td></td><td></td><td></td><td></td><td></td><td></td><td></td></tr>
<tr><td colspan="17">其中临界比例值（在系统临界稳定状态下的最大比例值）为：</td></tr>
</table>

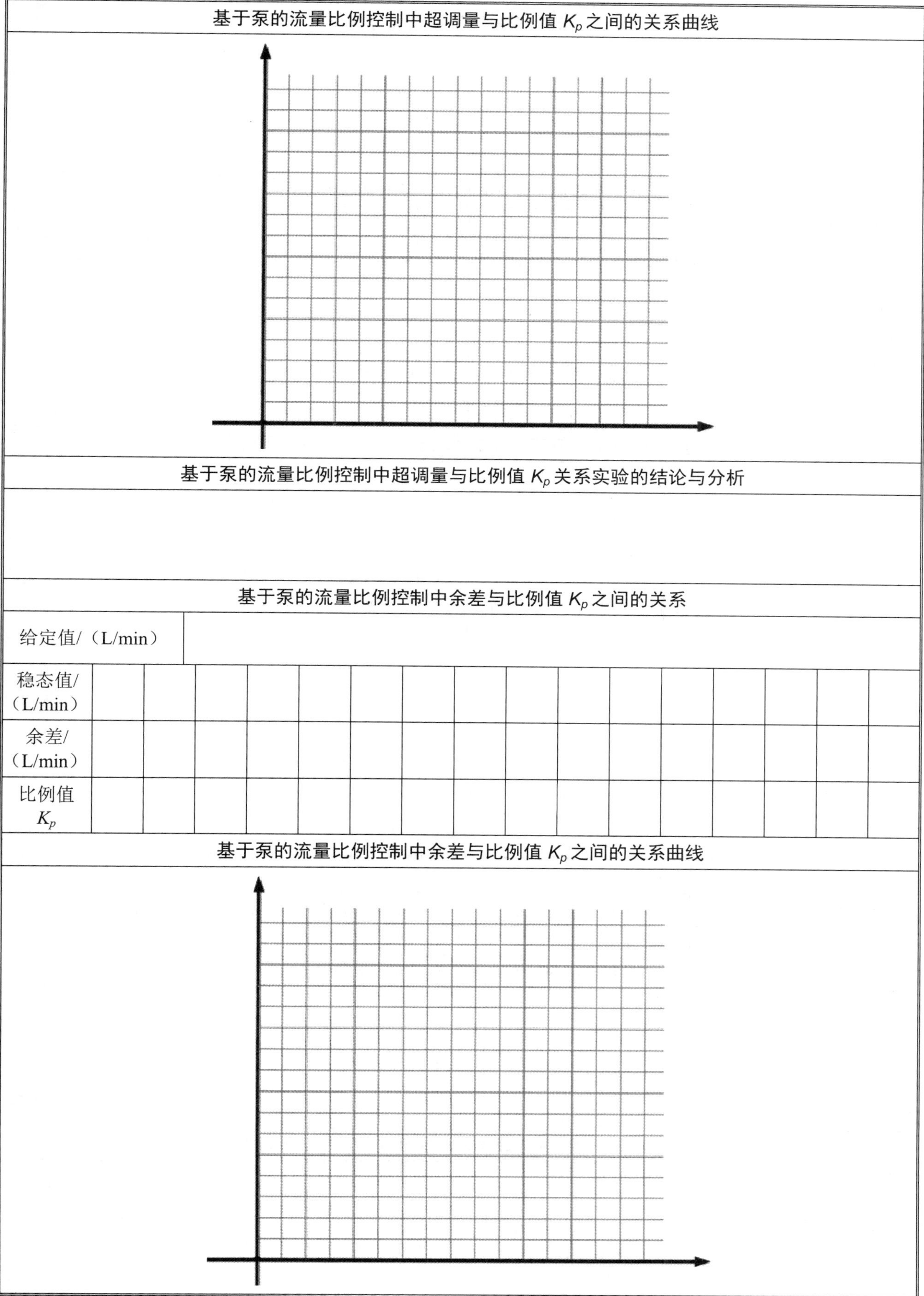

基于泵的流量比例控制中超调量与比例值 K_p 之间的关系曲线

基于泵的流量比例控制中超调量与比例值 K_p 关系实验的结论与分析

基于泵的流量比例控制中余差与比例值 K_p 之间的关系

给定值/（L/min）																
稳态值/（L/min）																
余差/（L/min）																
比例值 K_p																

基于泵的流量比例控制中余差与比例值 K_p 之间的关系曲线

基于泵的流量比例控制中余差与比例值 K_p 关系的结论及分析

基于泵的流量闭环的比例积分控制数据

时间/s																
流量/（L/min）																
时间/s																
流量/（L/min）																

基于泵的流量比例积分控制中流量随时间变化的关系曲线

设定值	稳态值	超调量	余差	衰减比	调节时间	振荡周期	峰值时间

基于泵的流量比例积分控制效果的评价

基于泵的流量 PI 控制中超调量与积分时间常数 T_r 之间的关系

超调量（%）																
积分时间常数 T_r																

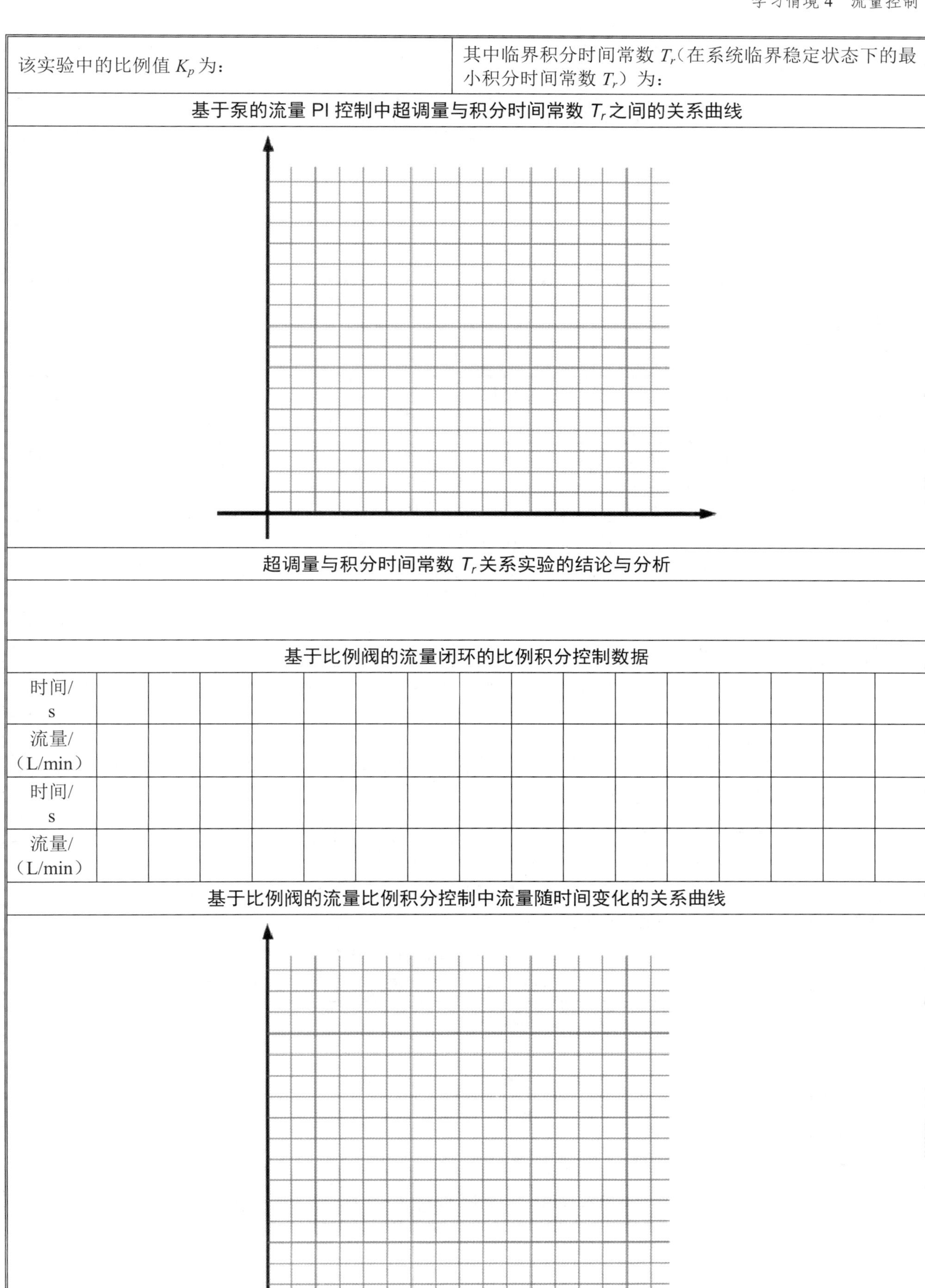

该实验中的比例值 K_p 为：	其中临界积分时间常数 T_r（在系统临界稳定状态下的最小积分时间常数 T_r）为：

基于泵的流量 PI 控制中超调量与积分时间常数 T_r 之间的关系曲线

超调量与积分时间常数 T_r 关系实验的结论与分析

基于比例阀的流量闭环的比例积分控制数据

时间/s																
流量/（L/min）																
时间/s																
流量/（L/min）																

基于比例阀的流量比例积分控制中流量随时间变化的关系曲线

设定值	稳态值	超调量	余差	衰减比	调节时间	振荡周期	峰值时间
基于比例阀的流量比例积分控制效果的评价							

测试练习

<table>
<tr><td rowspan="2">任务概况</td><td colspan="6">子学习情境 4.4　流量的比例积分控制</td></tr>
<tr><td>班级</td><td></td><td>姓名</td><td></td><td>得分</td><td></td></tr>
<tr><td>填空题
（每空 2 分，共计 40 分）</td><td colspan="6">1．积分控制是控制器的输出变化量与输入偏差值随________成正比的控制规律，即控制器的输出变化与输入偏差值随________成正比。
2．积分调节器的输出信号________于偏差信号的大小。输出信号大小还取决于偏差________的长短。当积分调节器的输入信号为常数时，其输出信号将是一条________。
3．当积分调节器的输入信号大于 0 时，其输出信号________；输入信号等于 0 时，输出信号________；输入信号小于 0 时，输出信号________。
4．比例积分调节器是在比例调节________的基础上，又加上积分调节________。
5．PI 调节作用的参数有两个，分别是________和________。
6．采用积分控制时，积分时间对过渡过程的影响具有两重性。在同样的比例度下缩短积分时间，可使积分作用________，________消除余差，________稳定。增大积分时间，系统会出现________。
7．比例积分作用中，若系统出现了等幅振荡，可以将________调大些。若系统出现了余差，可适当将________调小些。
8．退积分是指积分调节器的输出信号________，这种情况说明输入信号________。</td></tr>
<tr><td>判断题
（每题 2 分，共计 10 分）</td><td colspan="6">1．积分作用较比例作用而言，对输入信号的响应要快。（　）
2．单纯的积分作用往往会引起超调，使被控变量波动得很厉害。（　）
3．积分控制器不能使系统在进入稳态后无稳态误差。（　）
4．积分调节器的输出信号总是落后于输入的偏差信号的变化。（　）
5．比例积分控制时，积分时间小，容易引起振荡，因此，该值越大越好。（　）</td></tr>
<tr><td>问答题
（共计 50 分）</td><td colspan="6">1．什么是比例积分控制规律。（10 分）

2．请阐述积分调节器输入与输出信号的关系（10 分）</td></tr>
</table>

	3．积分调节有什么特点？（10 分） 4．如何用试凑法确定 PI 控制器参数？（20 分）

检查评估

任务检查表（由教师填写）

<table>
<tr><td>情　　境</td><td colspan="8">学习情境 4　流量控制</td></tr>
<tr><td>学 习 任 务</td><td colspan="6">子学习情境 4.4　流量的比例积分控制</td><td>完成时间</td><td></td></tr>
<tr><td>任务完成人</td><td>班级</td><td></td><td>学习小组</td><td></td><td>负责人</td><td></td><td>责任人</td><td></td></tr>
<tr><td>设备连接情况</td><td colspan="8"></td></tr>
<tr><td>软件掌握情况</td><td colspan="8"></td></tr>
<tr><td>实践技能情况</td><td colspan="8"></td></tr>
<tr><td>内容的合理性，是否有遗漏知识点</td><td colspan="8"></td></tr>
<tr><td>需要补缺的知识和技能</td><td colspan="8"></td></tr>
</table>

过程考核评价表（由教师填写）

<table>
<tr><td>情　　境</td><td colspan="8">学习情境 4　流量控制</td></tr>
<tr><td>学 习 任 务</td><td colspan="5">子学习情境 4.4　流量的比例积分控制</td><td>完成时间</td><td colspan="2"></td></tr>
<tr><td>任务完成人</td><td>班级</td><td></td><td>学习小组</td><td></td><td>负责人</td><td></td><td>责任人</td><td></td></tr>
<tr><td rowspan="2">评价项目</td><td rowspan="2">评价内容</td><td colspan="4" rowspan="2">评 价 标 准</td><td colspan="3">得分</td></tr>
<tr><td>自评</td><td>互评（组内互评，取平均分）</td><td>教师评价</td></tr>
<tr><td></td><td>知识的理解和掌握能力</td><td colspan="4">对知识的理解、掌握及接受新知识的能力
□优（12）□良（9）□中（6）□差（4）</td><td></td><td></td><td></td></tr>
</table>

专业能力（55%）	知识的综合应用能力	根据工作任务，应用相关知识分析解决问题 □优（13）□良（10）□中（7）□差（5）			
	方案制定与实施能力	在教师的指导下，能够制定工作计划和方案并能够优化和实施，完成工作任务单、工作计划和决策表、任务实施表的填写 □优（15）□良（12）□中（9）□差（7）			
	实践动手操作能力	根据任务要求完成任务载体 □优（15）□良（12）□中（9）□差（7）			
方法能力（25%）	独立学习能力	在教师的指导下，借助学习资料，能够独立学习新知识和新技能，完成工作任务 □优（8）□良（7）□中（5）□差（3）			
	分析解决问题的能力	在教师的指导下，独立解决工作中出现的各种问题，顺利完成工作任务 □优（7）□良（5）□中（3）□差（2）			
	获取信息能力	通过教材、网络、期刊、专业书籍、技术手册等获取信息，并且整理资料，获取所需知识 □优（5）□良（3）□中（2）□差（1）			
	整体工作能力	根据工作任务，制定、实施工作计划和方案；任务完成情况汇报 □优（5）□良（3）□中（2）□差（1）			
社会能力（20%）	团队协作和沟通能力	工作过程中，团队成员之间相互沟通、交流、协作、互帮互学，具备良好的群体意识 □优（5）□良（3）□中（2）□差（1）			
	工作任务的组织管理能力	具有批评、自我管理和工作任务的组织管理能力 □优（5）□良（3）□中（2）□差（1）			
	工作责任心与职业道德	具有良好的工作责任心、社会责任心、团队责任心（学习、纪律、出勤、卫生）、职业道德和吃苦能力 □优（10）□良（8）□中（6）□差（4）			
总分					

学习情境 5　温度控制

知识目标： 掌握温度检测仪表原理、安装及使用，掌握 FESTO 温度控制系统硬件及 FESTO 仿真盒的使用，掌握 EasyPort 接口及 FESTO Fluid Lab 软件的使用。

能力目标： 培养学生利用网络资源进行资料收集的能力；培养学生获取、筛选信息和制定工作计划、方案及实施、检查和评价的能力；培养学生独立分析、解决问题的能力；培养学生的团队合作、交流、组织协调的能力和责任心。

素质目标： 养成严谨细致、一丝不苟的工作作风，养成严格按照仪表工职业操守进行工作的习惯；培养学生的自信心、竞争意识和效率意识；培养学生的爱岗敬业、诚实守信、服务群众、奉献社会等职业道德。

子学习情境 5.1　温度检测仪表

工作任务单

<table>
<tr><td>情　　境</td><td colspan="7">学习情境 5　温度控制</td></tr>
<tr><td rowspan="3">任务概况</td><td rowspan="2">任务名称</td><td rowspan="2" colspan="2">子学习情境 5.1　温度检测仪表</td><td>日期</td><td>班级</td><td>学习小组</td><td>负责人</td></tr>
<tr><td></td><td></td><td></td><td></td></tr>
<tr><td>组员</td><td colspan="6"></td></tr>
<tr><td rowspan="2">任务载体和资讯</td><td rowspan="2" colspan="2"></td><td colspan="5">载体：温度检测仪表及其说明书。</td></tr>
<tr><td colspan="5">资讯：
1．热电阻温度计的工作原理及分类（重点）。
2．热电偶温度计（重点）：①热电偶温度计的原理；②热电偶冷端延长；③热电偶冷端温度补偿。
3．其他测温仪表：①双金属温度计；②辐射式温度计；③温度变送器（重点）。</td></tr>
<tr><td>任务目标</td><td colspan="7">1．掌握阅读产品说明书的方法。
2．掌握一般温度检测仪表的安装及接线方法。
3．培养学生的组织协调能力、语言表达能力，达到应有的职业素质目标。</td></tr>
<tr><td>任务要求</td><td colspan="7">前期准备：小组分工合作，通过网络收集温度检测仪表说明书资料。
识读内容要求：①仪表原理；②仪表量程和精度；③仪表的电气连接方法及主要电气参数；④仪表的参数设置方法；⑤仪表的尺寸及安装方法。
任务成果：一份完整的报告。</td></tr>
</table>

工作计划和决策表（由学生填写）

情　　境	学习情境 5　温度控制						
任务概况	任务名称	子学习情境 5.1　温度检测仪表				日期	
	班级		小组名称		小组人数		负责人	
工作任务的方案							

重点工作目标事项							关键配合需求	
序号	责任人	工作内容概述	目标权重	开始时间	完成时间	完成目标验收要求	配合部门	配合内容
1								
2								
3								
4								
5								
6								
7								
8								
9								
10								
11								
12								

任务实施表（由学生填写）

情　　境	学习情境 5　温度控制							
学 习 任 务	子学习情境 5.1　温度检测仪表						完成时间	
任务完成人	班级		学习小组		负责人		责任人	

PPT 汇报的纲要

<table>
<tr><td rowspan="2">任务概况</td><td colspan="6">子学习情境 5.1　温度检测仪表</td></tr>
<tr><td>班级</td><td></td><td>姓名</td><td></td><td>得分</td><td></td></tr>
<tr><td>填空题
（每题 1 分，共计 55 分）</td><td colspan="6">1．温度在宏观上是表示物体________的物理量，在微观上是物体中分子或原子的________。
2．用来衡量温度的标准尺度，以保证温度量值的统一和准确，简称为________。目前国际上采用较多的温标有________温标、________温标和国际温标。
3．借助于某一种物质的物理量与温度变化的关系，用实验方法或经验公式所确定的温标，称为________温标，有________、________、兰氏、列氏等。
4．将标准大气压下水的冰点定为零度，水的沸点定为 100℃。在 0～100 之间分 100 等份，每一等份为________。单位记为________。
5．在标准大气压下，将纯水的冰点定为 32℃，沸点定为 212℃，中间划分 180 等份，每一等份记为________。单位记为________。
6．热力学温标又称________温标。它规定分子运动停止时的温度为________，或称最低理论温度。
7．根据国际温标规定，热力学温度是基本温度，用符号________表示，单位是________，记为 K。它规定水的三相点热力学温度（固态、液态、气态三相共存时的平衡温度）为________K，定义 1K（开尔文 1 度）等于水的三相点热力学温度的________。
8．测温的全部范围习惯上分为________（低于 600℃）和________（高于 600℃）两部分。凡是用于测量 600℃以下温度的仪表称为________，测量 600℃以上温度的仪表称为________。
9．温度不能直接测量，但可以利用冷热不同的物体之间的________，以及物体随冷热程度变化而________的物理性质，进行间接测量。
10．温度测量范围很广，种类很多。按工作原理分，有________、________、________以及辐射式等，按测量方式分，有________和________两类。
11．利用液体、气体的热膨胀及物质的蒸气压变化制成的温度计为________和________。利用两种金属的热膨胀差制成的温度计为________。利用热电效应制成________。利用固体材料的电阻随温度而变化制成________。
12．根据电阻体材料的不同，热电阻有________和________两种类型，工业上使用最多的热电阻材料是________电阻和________电阻。
13．Pt10 和 Pt100 指的是在 0℃条件下的电阻值 R_0 分别为________和________的铂电阻。
14．热敏电阻包括________，________和________三种。
15．工业热电阻有________和________两种结构形式。</td></tr>
</table>

	16．热电阻温度计的测量电路最常用的是__________。 17．热电偶温度计是以热电效应为基础，将温度变化转换为__________变化而进行温度测量的仪表。 18．热电偶的结构形式有__________、__________和__________三种。热电偶还可分为__________和__________两类。 19．热电偶分度号 S、R、B 三种热电偶均由__________和__________合金制成，称__________热电偶。
简答题 （每题 15 分，共计 45 分）	1．什么是热阻效应？简述热电阻的工作原理。 2．热电偶测量温度的原理是什么？为什么需要进行冷端补偿？ 3．总结你了解的辐射式温度计。

任务检查表（由教师填写）

情　　境	学习情境 5　温度控制						
学 习 任 务	子学习情境 5.1　温度检测仪表					完成时间	
任务完成人	班级		学习小组		负责人		责任人	
内容是否切题，是否有遗漏知识点							
掌握知识和技能的情况							

PPT 设计合理性及美观度	
汇报的语态及体态	
需要补缺的知识和技能	

过程考核评价表（由教师填写）

<table>
<tr><td>情 境</td><td colspan="7">学习情境 5 温度控制</td></tr>
<tr><td>学 习 任 务</td><td colspan="4">子学习情境 5.1 温度检测仪表</td><td>完成时间</td><td colspan="2"></td></tr>
<tr><td>任务完成人</td><td>班级</td><td></td><td>学习小组</td><td></td><td>负责人</td><td></td><td>责任人</td></tr>
<tr><td rowspan="2">评价项目</td><td rowspan="2">评价内容</td><td rowspan="2" colspan="3">评 价 标 准</td><td colspan="3">得分</td></tr>
<tr><td>自评</td><td>互评（组内互评，取平均分）</td><td>教师评价</td></tr>
<tr><td rowspan="3">专业能力（55%）</td><td>知识的理解和掌握能力</td><td colspan="3">对知识的理解、掌握及接受新知识的能力
□优（27）□良（22）□中（16）□差（10）</td><td></td><td></td><td></td></tr>
<tr><td>知识的综合应用能力</td><td colspan="3">根据工作任务，应用相关知识分析解决问题
□优（13）□良（10）□中（7）□差（5）</td><td></td><td></td><td></td></tr>
<tr><td>方案制定与实施能力</td><td colspan="3">在教师的指导下，能够制定工作计划和方案并能够优化和实施，完成工作任务单、工作计划和决策表、任务实施表的填写
□优（15）□良（12）□中（9）□差（7）</td><td></td><td></td><td></td></tr>
<tr><td rowspan="4">方法能力（25%）</td><td>独立学习能力</td><td colspan="3">在教师的指导下，借助学习资料，能够独立学习新知识和新技能，完成工作任务
□优（8）□良（7）□中（5）□差（3）</td><td></td><td></td><td></td></tr>
<tr><td>分析解决问题的能力</td><td colspan="3">在教师的指导下，独立解决工作中出现的各种问题，顺利完成工作任务
□优（7）□良（5）□中（3）□差（2）</td><td></td><td></td><td></td></tr>
<tr><td>获取信息能力</td><td colspan="3">通过教材、网络、期刊、专业书籍、技术手册等获取信息，并且整理资料，获取所需知识
□优（5）□良（3）□中（2）□差（1）</td><td></td><td></td><td></td></tr>
<tr><td>整体工作能力</td><td colspan="3">根据工作任务，制定、实施工作计划和方案；任务完成情况汇报
□优（5）□良（3）□中（2）□差（1）</td><td></td><td></td><td></td></tr>
<tr><td rowspan="3">社会能力（20%）</td><td>团队协作和沟通能力</td><td colspan="3">工作过程中，团队成员之间相互沟通、交流、协作、互帮互学，具备良好的群体意识
□优（5）□良（3）□中（2）□差（1）</td><td></td><td></td><td></td></tr>
<tr><td>工作任务的组织管理能力</td><td colspan="3">具有批评、自我管理和工作任务的组织管理能力
□优（5）□良（3）□中（2）□差（1）</td><td></td><td></td><td></td></tr>
<tr><td>工作责任心与职业道德</td><td colspan="3">具有良好的工作责任心、社会责任心、团队责任心（学习、纪律、出勤、卫生）、职业道德和吃苦能力
□优（10）□良（8）□中（6）□差（4）</td><td></td><td></td><td></td></tr>
<tr><td colspan="5">总 分</td><td></td><td></td><td></td></tr>
</table>

子学习情境 5.2　FESTO 温度控制系统硬件

工作任务单

<table>
<tr><td>情　境</td><td colspan="6">学习情境 5　温度控制</td></tr>
<tr><td rowspan="3">任务概况</td><td rowspan="2">任务名称</td><td rowspan="2">子学习情境 5.2　FESTO 温度控制系统硬件</td><td>日期</td><td>班级</td><td>学习小组</td><td>负责人</td></tr>
<tr><td></td><td></td><td></td><td></td></tr>
<tr><td>组员</td><td colspan="5"></td></tr>
<tr><td>任务载体和资讯</td><td colspan="3"></td><td colspan="3">载体：FESTO 过程控制系统及说明书。
资讯：
1．温度控制系统硬件（重点）：①电加热棒；②防干烧液位限位开关；③热电阻 Pt100；④温度变送器。
2．温度控制系统管路连接（重点）：①管件的插拔方法；②温度控制系统的工艺流程图；③设备符号及仪表位号的含义。
3．仿真盒（Simulation Box）：①热电阻的测量精度；②手动温度控制。
4．温度控制系统电路图（重点）。</td></tr>
<tr><td>任务目标</td><td colspan="6">1．掌握阅读产品说明书的方法。
2．掌握温度控制的管路连接关系。
3．掌握温度控制系统各硬件的性能。
4．掌握温度控制系统各组件的电气连接关系。
5．掌握仿真盒的操作方法，会使用仿真盒对系统温度进行操控。
6．培养学生的组织协调能力、语言表达能力，达成职业素质目标。</td></tr>
<tr><td>任务要求</td><td colspan="6">1．要认真识读 FESTO 过程控制系统的操作安全章程和事故处理方法。
2．认真观察 FESTO 过程控制系统的各组件。
3．认真阅读 FESTO 过程控制系统的说明书。
4．设计温度控制的管路连接方式。
5．通过万用表测量和分析电路图，明确温度系统各组件的电气连接关系。
6．利用仿真盒对系统的温度参数实施控制，并分析数据。</td></tr>
</table>

工作计划和决策表（由学生填写）

<table>
<tr><td>情　境</td><td colspan="7">学习情境 5　温度控制</td></tr>
<tr><td rowspan="2">任务概况</td><td colspan="2">任务名称</td><td colspan="3">子学习情境 5.2　FESTO 温度控制系统硬件</td><td>日期</td><td></td></tr>
<tr><td>班级</td><td></td><td>小组名称</td><td></td><td>小组人数</td><td>负责人</td><td></td></tr>
</table>

工作任务的方案								
重点工作目标事项							关键配合需求	
序号	责任人	工作内容概述	目标权重	开始时间	完成时间	完成目标验收要求	配合部门	配合内容
1								
2								
3								
4								
5								
6								
7								
8								

任务实施

任务实施表（由学生填写）

情　　境	学习情境 5　温度控制						
学习任务	子学习情境 5.2　FESTO 温度控制系统硬件					完成时间	
任务完成人	班级		学习小组		负责人		责任人
说明下列设备符号及仪表位号的含义							
符号或位号	符号或位号的含义			设备的作用			
LS-S117							
TIC B104							

<table>
<tr><th colspan="2">绘制温度控制系统的管路连接图</th></tr>
<tr><td>对温度控制系统的管路连接图进行简要说明。</td><td></td></tr>
<tr><th colspan="2">画出温度传感器、温度变送器、端子板 XMA1 和端子板 X2 的电路连接关系</th></tr>
<tr><td>对电路图进行简要说明。</td><td></td></tr>
<tr><th colspan="2">画出比例阀的驱动电路</th></tr>
<tr><td>对电路图进行简要说明。</td><td></td></tr>
</table>

用万用表测量端子板 XMA1 及 X2 上端子电位，在下图中标出“频率/电压变送器”、K106 以及比例阀的连接端子。
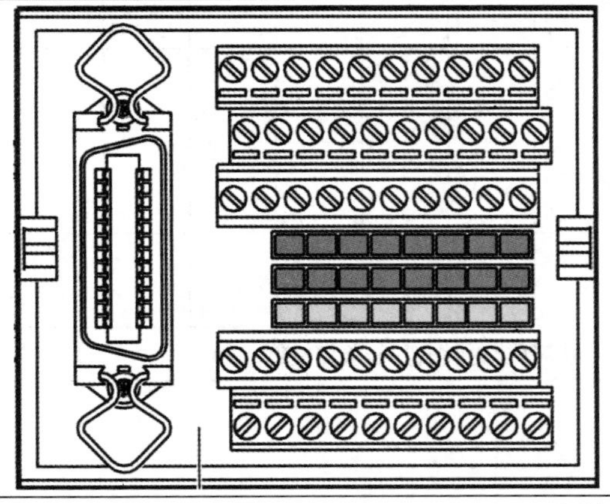 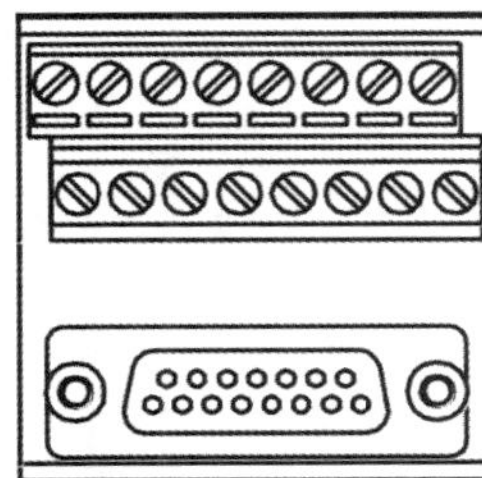
画出温度控制系统框图

对框图进行简要说明。	

验证热电阻测温与温度计测温的关系																
温度计/℃																
热电阻/V																
热电阻/℃																

热电阻测温与温度计测温的结论说明

手动温度控制实验中温度随时间变化的数据分析																
时间/s																
温度/℃																
时间/s																
温度/℃																

手动温度控制实验中温度随时间变化的关系曲线

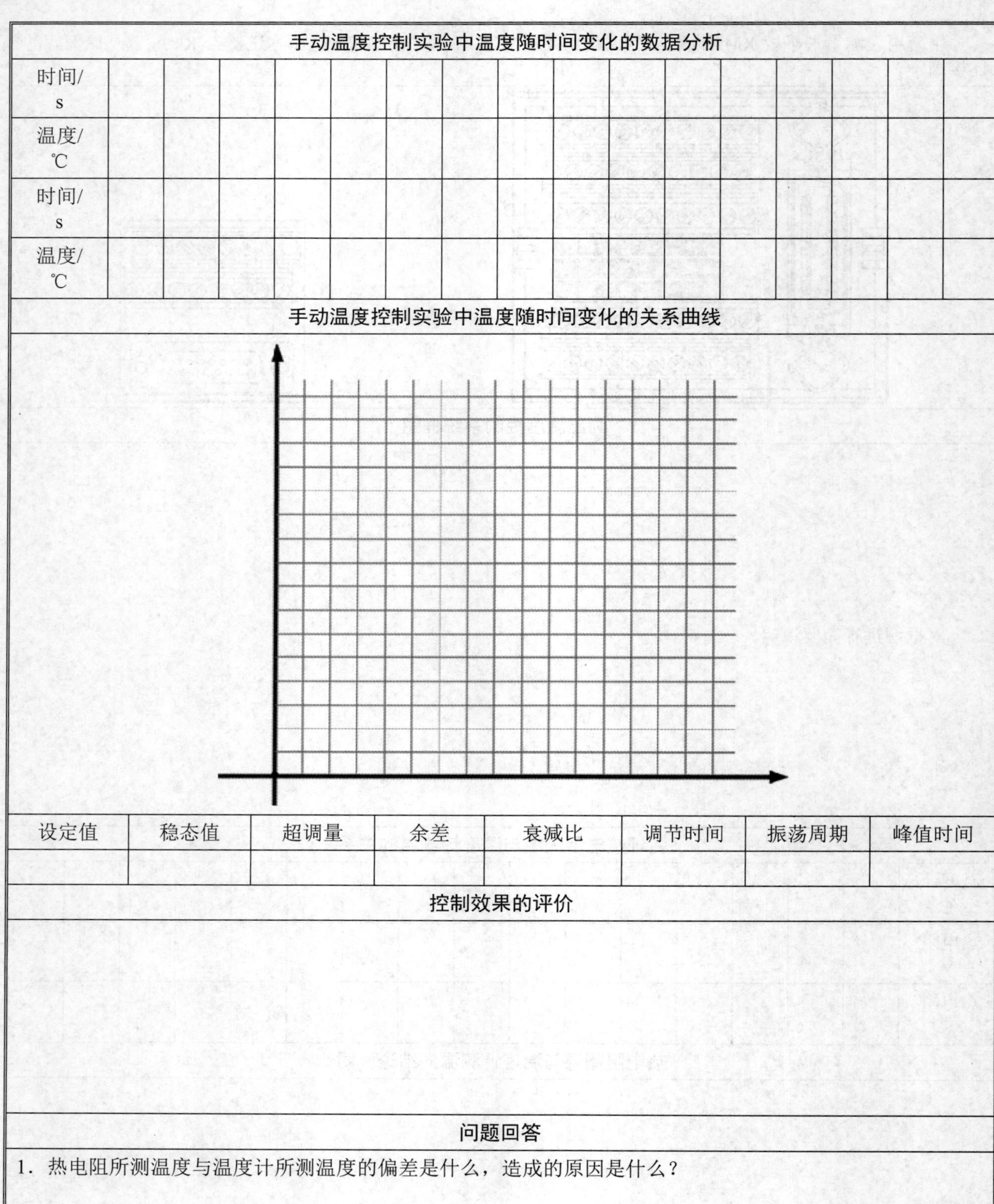

设定值	稳态值	超调量	余差	衰减比	调节时间	振荡周期	峰值时间

控制效果的评价

问题回答

1．热电阻所测温度与温度计所测温度的偏差是什么，造成的原因是什么？

2．谈谈使用手动方式进行温度闭环控制的体会？

任务检查表（由教师填写）

<table>
<tr><td>情　　境</td><td colspan="8">学习情境 5　温度控制</td></tr>
<tr><td>学 习 任 务</td><td colspan="6">子学习情境 5.2　FESTO 温度控制系统硬件</td><td>完成时间</td><td></td></tr>
<tr><td>任务完成人</td><td>班级</td><td></td><td>学习小组</td><td></td><td>负责人</td><td></td><td>责任人</td><td></td></tr>
<tr><td>内容是否切题，是否有遗漏知识点</td><td colspan="8"></td></tr>
<tr><td>掌握知识和技能的情况</td><td colspan="8"></td></tr>
<tr><td>PPT 设计合理性及美观度</td><td colspan="8"></td></tr>
<tr><td>汇报的语态及体态</td><td colspan="8"></td></tr>
<tr><td>需要补缺的知识和技能</td><td colspan="8"></td></tr>
</table>

过程考核评价表（由教师填写）

<table>
<tr><td>情　　境</td><td colspan="7">学习情境 5　温度控制</td></tr>
<tr><td>学 习 任 务</td><td colspan="4">子学习情境 5.2　FESTO 温度控制系统硬件</td><td>完成时间</td><td colspan="2"></td></tr>
<tr><td>任务完成人</td><td>班级</td><td></td><td>学习小组</td><td></td><td>负责人</td><td></td><td>责任人</td></tr>
<tr><td rowspan="2">评价项目</td><td rowspan="2">评价内容</td><td rowspan="2" colspan="3">评 价 标 准</td><td colspan="3">得分</td></tr>
<tr><td>自评</td><td>互评（组内互评，取平均分）</td><td>教师评价</td></tr>
<tr><td rowspan="3">专业能力（55%）</td><td>知识的理解和掌握能力</td><td colspan="3">对知识的理解、掌握及接受新知识的能力
□优（27）□良（22）□中（16）□差（10）</td><td></td><td></td><td></td></tr>
<tr><td>知识的综合应用能力</td><td colspan="3">根据工作任务，应用相关知识分析解决问题
□优（13）□良（10）□中（7）□差（5）</td><td></td><td></td><td></td></tr>
<tr><td>方案制定与实施能力</td><td colspan="3">在教师的指导下，能够制定工作计划和方案并能够优化和实施，完成工作任务单、工作计划和决策表、任务实施表的填写
□优（15）□良（12）□中（9）□差（7）</td><td></td><td></td><td></td></tr>
</table>

方法能力（25%）	独立学习能力	在教师的指导下，借助学习资料，能够独立学习新知识和新技能，完成工作任务 □优（8）□良（7）□中（5）□差（3）			
	分析解决问题的能力	在教师的指导下，独立解决工作中出现的各种问题，顺利完成工作任务 □优（7）□良（5）□中（3）□差（2）			
	获取信息能力	通过教材、网络、期刊、专业书籍、技术手册等获取信息，并且整理资料，获取所需知识 □优（5）□良（3）□中（2）□差（1）			
	整体工作能力	根据工作任务，制定、实施工作计划和方案；任务完成情况汇报 □优（5）□良（3）□中（2）□差（1）			
社会能力（20%）	团队协作和沟通能力	工作过程中，团队成员之间相互沟通、交流、协作、互帮互学，具备良好的群体意识 □优（5）□良（3）□中（2）□差（1）			
	工作任务的组织管理能力	具有批评、自我管理和工作任务的组织管理能力 □优（5）□良（3）□中（2）□差（1）			
	工作责任心与职业道德	具有良好的工作责任心、社会责任心、团队责任心（学习、纪律、出勤、卫生）、职业道德和吃苦能力 □优（10）□良（8）□中（6）□差（4）			
总　分					

子学习情境 5.3　基于 Fulid Lab 软件的温度控制

工作任务单

<table>
<tr><td>情　境</td><td colspan="6">学习情境 5　温度控制</td></tr>
<tr><td rowspan="3">任务概况</td><td rowspan="2">任务名称</td><td rowspan="2">子学习情境 5.3　基于 Fluid Lab 软件的温度控制</td><td>日期</td><td>班级</td><td>学习小组</td><td>负责人</td></tr>
<tr><td></td><td></td><td></td><td></td></tr>
<tr><td>组员</td><td colspan="5"></td></tr>
<tr><td>任务载体和资讯</td><td colspan="6">载体：FESTO 过程控制实训室软件。
资讯：
1．微分控制：①什么是微分控制规律；②微分规律的特点；③PD 控制；④PID 控制；⑤PID 控制参数的选择。
2．温度控制实验：①温度控制系统的搭建；②PID 调节器中微分环节参数的整定；③微分对改善动态性能的作用；④微分时间常数对动态响应速度及系统稳定性的影响。</td></tr>
<tr><td>任务目标</td><td colspan="6">1．掌握比例、积分和微分控制的控制原理及其调节方法。
2．培养学生的组织协调能力、语言表达能力，达到应有的职业素质目标。</td></tr>
</table>

任务要求	**前期准备**：小组分工合作，通过网络收集比例控制、积分控制、微分控制的相关资料。 **识读内容要求**：①控制原理；②控制曲线分析；③控制优缺点分析。 **任务成果**：一份完整的报告。

制定方案

工作计划和决策表（由学生填写）

<table>
<tr><td>情　　境</td><td colspan="9">学习情境 5　温度控制</td></tr>
<tr><td rowspan="2">任务概况</td><td>任务名称</td><td colspan="5">子学习情境 5.3　基于 Fulid Lab 软件的温度控制</td><td>日期</td><td colspan="2"></td></tr>
<tr><td>班级</td><td></td><td>小组名称</td><td></td><td>小组人数</td><td></td><td>负责人</td><td colspan="2"></td></tr>
<tr><td>工作任务的方案</td><td colspan="9"></td></tr>
</table>

<table>
<tr><td colspan="7">重点工作目标事项</td><td colspan="2">关键配合需求</td></tr>
<tr><td>序号</td><td>责任人</td><td>工作内容概述</td><td>目标权重</td><td>开始时间</td><td>完成时间</td><td>完成目标验收要求</td><td>配合部门</td><td>配合内容</td></tr>
<tr><td>1</td><td></td><td></td><td></td><td></td><td></td><td></td><td></td><td></td></tr>
<tr><td>2</td><td></td><td></td><td></td><td></td><td></td><td></td><td></td><td></td></tr>
<tr><td>3</td><td></td><td></td><td></td><td></td><td></td><td></td><td></td><td></td></tr>
<tr><td>4</td><td></td><td></td><td></td><td></td><td></td><td></td><td></td><td></td></tr>
<tr><td>5</td><td></td><td></td><td></td><td></td><td></td><td></td><td></td><td></td></tr>
<tr><td>6</td><td></td><td></td><td></td><td></td><td></td><td></td><td></td><td></td></tr>
<tr><td>7</td><td></td><td></td><td></td><td></td><td></td><td></td><td></td><td></td></tr>
<tr><td>8</td><td></td><td></td><td></td><td></td><td></td><td></td><td></td><td></td></tr>
<tr><td>9</td><td></td><td></td><td></td><td></td><td></td><td></td><td></td><td></td></tr>
<tr><td>10</td><td></td><td></td><td></td><td></td><td></td><td></td><td></td><td></td></tr>
<tr><td>11</td><td></td><td></td><td></td><td></td><td></td><td></td><td></td><td></td></tr>
<tr><td>12</td><td></td><td></td><td></td><td></td><td></td><td></td><td></td><td></td></tr>
</table>

任务实施

任务实施表（由学生填写）

情　　境	学习情境5　温度控制							
学习任务	子学习情境5.3　基于Fulid Lab软件的温度控制					完成时间		
任务完成人	班级		学习小组		负责人		责任人	

温度控制实验数据

时间/s																
温度/℃																
时间/s																
温度/℃																

温度控制实验中温度随时间变化的关系曲线

设定值	稳态值	超调量	余差	衰减比	调节时间	振荡周期	峰值时间

温度控制效果的评价

温度双位控制实验数据																
时间/s																
温度/℃																
时间/s																
温度/℃																

温度双位控制实验中温度随时间变化的关系曲线

温度设定值/℃	温度偏差设定值/℃	调节周期/s

温度双位控制实验效果的评价

测试练习

任务概况	子学习情境 5.3　基于 Fulid Lab 软件的温度控制					
	班级		姓名		得分	
填空题 （每空 2 分，共计 30 分）	1．微分控制是指控制器的输出变化量与输入偏差的__________成正比的控制规律，其作用主要用来克服被调参数的__________，属于一种超前作用。 2．微分控制器的输出只与偏差的__________有关，而与偏差的__________及存在与否无关。 3．微分作用根据偏差信号变化趋势来实施控制，__________消除余差。					

	4．微分时间的大小对系统过渡过程存在影响，过小，对系统的控制指标__________；过大，可能导致系统产生__________，系统稳定性__________。 5．PID 调节的中文含义为__________调节。 6．PID 调节中，始终起作用的基本分量是__________作用；__________作用在偏差出现的一开始有很大的输出，然后逐渐消失，超前调节；随着时间的推移，__________作用逐渐增大，最后起主要控制作用，直到余差消除为止。 7．PID 调节中，有三个调节参数分别是__________、__________和__________。
简答题 （共计 70 分）	1．简述 PID 控制的含义和各个参数的作用。（20 分） 2．PID 参数如何用凑试法进行整定？（20 分） 3．如何用临界比例度法整定 PID 参数？（15 分） 4．如何用衰减曲线法整定 PID 参数？（15 分）

任务检查表（由教师填写）

情　　境	学习情境 5　温度控制						
学 习 任 务	子学习情境 5.3　基于 Fulid Lab 软件的温度控制					完成时间	
任务完成人	班级		学习小组		负责人		责任人
管路连接设计情况							
电路分析情况							
实践技能情况							
内容的合理性，是否有遗漏知识点							
需要补缺的知识和技能							

过程考核评价表（由教师填写）

情　　境	学习情境 5　温度控制					
学 习 任 务	子学习情境 5.3　基于 Fulid Lab 软件的温度控制		完成时间			
任务完成人	班级		学习小组	负责人	责任人	
评价项目	评价内容	评 价 标 准	得分			
			自评	互评（组内互评，取平均分）	教师评价	
专业能力（55%）	知识的理解和掌握能力	对知识的理解、掌握及接受新知识的能力 □优（12）□良（9）□中（6）□差（4）				
	知识的综合应用能力	根据工作任务，应用相关知识分析解决问题 □优（13）□良（10）□中（7）□差（5）				
	方案制定与实施能力	在教师的指导下，能够制定工作计划和方案并能够优化和实施，完成工作任务单、工作计划和决策表、任务实施表的填写 □优（15）□良（12）□中（9）□差（7）				
	实践动手操作能力	根据任务要求完成任务载体 □优（15）□良（12）□中（9）□差（7）				
	独立学习能力	在教师的指导下，借助学习资料，能够独立学习新知识和新技能，完成工作任务 □优（8）□良（7）□中（5）□差（3）				

方法能力（25%）	分析解决问题的能力	在教师的指导下，独立解决工作中出现的各种问题，顺利完成工作任务 □优（7）□良（5）□中（3）□差（2）			
	获取信息能力	通过教材、网络、期刊、专业书籍、技术手册等获取信息，并且整理资料，获取所需知识 □优（5）□良（3）□中（2）□差（1）			
	整体工作能力	根据工作任务，制定、实施工作计划和方案；任务完成情况汇报 □优（5）□良（3）□中（2）□差（1）			
社会能力（20%）	团队协作和沟通能力	工作过程中，团队成员之间相互沟通、交流、协作、互帮互学，具备良好的群体意识 □优（5）□良（3）□中（2）□差（1）			
	工作任务的组织管理能力	具有批评、自我管理和工作任务的组织管理能力 □优（5）□良（3）□中（2）□差（1）			
	工作责任心与职业道德	具有良好的工作责任心、社会责任心、团队责任心（学习、纪律、出勤、卫生）、职业道德和吃苦能力 □优（10）□良（8）□中（6）□差（4）			
总　分					